用杂货
营造庭院怀旧时光

日本FG武藏 编
袁蒙 译

机械工业出版社
CHINA MACHINE PRESS

比起华丽，更喜欢沉静；

比起崭新，更喜欢久经时间洗涤的事物；

比起自然可爱风，更喜欢个性十足、略带古旧感的杂货；

比起鲜艳明快的颜色，更喜欢没有过度装饰的天然草木的色彩。

绿意盎然、装点有古旧杂货的庭院；

被绿色包围的生活……

目　录 Contents

满是心仪古董杂货的个性花园

在一些对家装、杂货颇有个人风格的时尚人士间，“与植物相依生活”这一理念非常流行。我们造访了几户人家的庭院，主人们将对绿意盎然生活的向往倾注于此，同时自然地点缀着植物与杂货，凸显着良好的品位。

花园与杂货的和谐关系

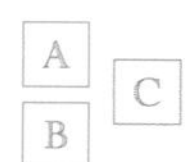

A 在花草难以生长的背阴处，装点铁制椅子和生锈的杂货。
B 将大朵大朵的深红色大丽花“黑蝶”插在白铁皮桶里，热爱雅致色彩的门冈女士对这个装饰方式非常满意。
C 野趣盎然的小路，种满了灌木迷南香、蔓长春花等花草。

肆意生长的草木，配上古旧物件
庭院一片静谧，仿佛连时间也静止了

——门冈芳

能让人彻底放松的地方

橱窗里摆放着旧农具和铁皮杂货，盛开的木香花郁郁葱葱，从窗边垂下，使得入口的景致颇有一种法国田园风。这家 Tender Cuddle（东京都狛江市）是一家利用自家房屋经营的小店，专门销售法国古董杂货。藤蔓沿着二楼屋顶垂下，随风摇曳，叶子发出沙沙的声响。

从这家杂货铺开始营业起，店主门冈女士也同时开始了对庭院的打理。配合古董杂货的风格，门冈女士将庭院打造成为一个舒适的空间，并特别设置了遮阳房，内有约 24 平方米的木制露台和展示空间。虽然整体是由专业人士制作完成的，但门冈女士依旧坚持亲力亲为，从选材到最后完工，全程都参与其中。

通往玄关的小路上，不经意地点缀了一些古旧砖块。此外，建筑物之间还特意留出了种植植物的空间，并砌了花坛，种一些多花素馨、墨西哥鼠尾草等易于繁殖的花草，使整个空间凝聚为一体，同时营造出自然、宁静的感觉。

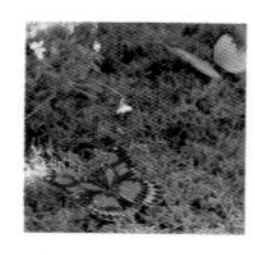

遮阳房内的装饰时常变化，现在铺的是“苔藓地毯”，上面仿佛会有精灵出现呢。

天气好的时候，门冈会和家人一起在此用餐。植物自由生长的环境下，蓝色的桌椅十分夺目。

不经意的装点，自然地与绿色融为一体

门冈女士表示，“比起种满鲜花的华丽，我更喜欢满满的绿意”。今年是门冈女士打理庭院的第六年，院子里的草木也生长得茁壮茂盛，仿佛是西洋书籍中的场景一般。她暗暗模仿着去法国时见到的绿色充盈、摆着生活用具的自然庭院，为庭院用心地搭配着。

放眼望去，花草之间不经意地摆放着许多古董和老物件。铁皮水桶、草叉……这些看起来像“破烂儿”一样的旧物，放在门冈女士的庭院里，却风格一变，与葱郁的草木相得益彰。

而在遮阳房里，通过不断改进装饰，门冈女士毫不吝啬地彰显着自己的品位。遮阳房也像小型艺术画廊一样，设置不同的主题，时不时地变换样子。每一次，都为自然风的庭院增添了一分灵动气息。而门冈女士不断涌现的创意，大概就是源于庭院里感受到的植物的生命力吧。

A 古董杂货让整个庭院风格古朴，放上一些黄色的万寿菊，则增添了一抹亮色。

B 立在墙边的农具、爬墙的常春藤和刀豆藤，营造出了朴素的氛围。

C 木香花沿着入口的窗边垂下，像花边一样装饰着屋檐下的风景。

D 加入蔓生蔷薇的蔷薇果，作为色彩上的点缀。鲜红的果实与铁皮水桶非常搭。

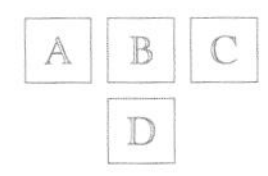

身心放松地享受花园之夜
NIGHT GARDEN

季节适宜的夜晚，还可以在庭院里开个派对。虽称其为“派对”，但其实是那种可以穿着一般服装，在夜幕下轻松享受的休闲派对。不同于白天阳光下的清爽明快，夜里的花园变得湿润而沉稳。庭院四周都是点燃的蜡烛，温暖的火光将小小的空间包围。即使是特殊日子的派对，对于门冈女士来说，也不过是生活日常的一隅，心中憧憬的庭院美景，早已融入每天的生活点滴。

对于夜晚的花园来说，灯光不可或缺。这里选择了蜡烛作为光源，橙色的火焰显得更加梦幻。

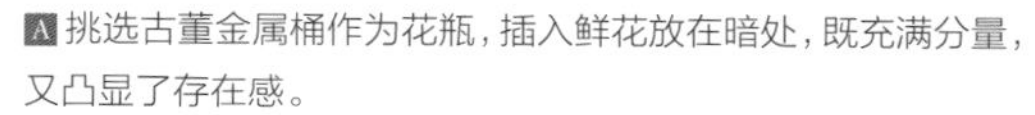

A 挑选古董金属桶作为花瓶，插入鲜花放在暗处，既充满分量，又凸显了存在感。
B 铺在桌上的苔藓如绒毯一般，随意摆放的蜡烛充满韵律感，调暗原有的照明，享受烛光的美好。
C 在台阶两侧均匀摆放蜡烛，增加纵深感。

客厅里的庭院风

Garden Essence

与庭院一样，客厅里也装饰着各种古董杂货。此外，客厅以蝴蝶兰作为主要花卉，再加以庭院中种植的绿色植物和干花作为点缀。既使古董杂货得到充分利用，同时也打造出了一个颇具生活品位的小角落。

D
E F

利用窗外光线
将蝴蝶兰变为陈列品

D 将庭院内的枝叶装饰在玻璃容器中，随意摆开。蕾丝复古桌垫更增添了一分柔美。

E 在蝴蝶兰两侧均匀摆放上台灯，给人以视觉上的平稳感。

F 窗前，阳光透过窗户洒下，身形修长的蝴蝶兰显得更加优美。

将干月季花密封在玻璃瓶内

在装饰性的玻璃瓶内放入干月季花，复古又充满成熟风格。

在质感朴素的容器里
插入鲜嫩的绿叶

来自法国南部的古董壶，插入庭院内树木的枝叶，使得屋内生机勃勃。清爽的绿色也能给人以干净清洁的感觉。

外侧的棕色围栏，配上木制露台周围的浅灰色围栏，整个空间的色彩明暗结合，张弛有度。

A 映衬着铁线莲的白色装饰木门由麻植女士亲手制作，纵横的窗棂间加入金属网，更增添了一分古朴雅致的感觉，也成了静谧庭院中最夺目的焦点。

B 古旧的校园风椅子被自由生长的藤蔓包围，上面放有色彩明亮的装饰牌。在这个别有韵味的角落，仿佛能感受到时光的流逝。

自己DIY
改造心爱的植物和杂货

——麻植亮子

用独具特色的油漆
赋予植物全新的感觉

与客厅相连的木制露台是最主要的花园区域。架子上、盒子里摆满了盆栽植物和古旧小物，被装点得如古旧杂货一般。麻植女士从三年前开始投身园艺，每日都醉心其中，一心希望打造出一个绿植茂密又独具韵味的杂货花园（junk garden）。

麻植女士一直都很喜欢手工制作，有时改装买来的花盆，有时还会自己制作花棚、藤蔓架等大物件。露台周围很有质感的深色围栏也是麻植女士亲手制作的，既划分出了一块植物与杂货的专属区域，同时对外界又有所遮蔽。为避免潮气及烈日影响植物生长，麻植女士在围栏的高度和间隔上都非常用心。

麻植女士对油漆的选择也很有讲究。“我想要营造出那种非甜美风，反而比较古旧质朴的感觉。之后我读了园艺造型师川本谕先生的书，参考了其中‘辛辣风’的油漆风格……”她在涂漆时进行了特殊加工，故意做脏做旧，使油漆更加有韵味。不同的地方，所使用的油漆颜色也不尽相同。而手工制作的壁板也为整个空间带来了一些变化，让主花园更有气氛。

颜色雅致的百叶窗、围栏和梯子立在浅灰色的壁板上，纵向的线条富于变化。

植物 × 杂货
妙趣改造

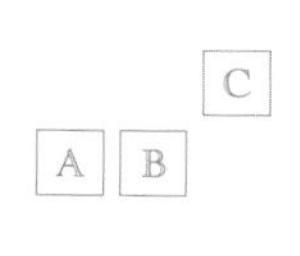

A 装点着生锈杂货的棚架，其实是由洋水仙种植盒改造而成的。种上生机勃勃的多肉植物，更增添了一抹色彩。

B 院子与木制露台直接由一条砖砌小路连接，刷成蓝色的百叶窗配上尽头处的白色椅子，使角落更有纵深感。

C 刷成蓝色的棚架故意做旧，摆放上小型盆栽，打造成一个自然的展示空间。

玄关里的庭院风

Garden Essence

为与庭院保持一致，房间里也有许多手工制作的物品。作为对整体展示的点缀，还可以摆上干花和假花。

玄关前的花园。壁板斜靠在墙边，在植物和水泥花台的掩映下，与一旁的铁丝格网显得错落有致，不平衡的设计却也异常和谐。

使用擅长的颜色
让玄关变得雅致而柔和

白色的棚架和上面的花环都是麻植女士亲手制作的，与颜色淡雅的蓝色铁艺架搭配在一起，非常清新，迎接着每一位客人。

灵活运用远程教学中学到的花环制作方法

将庭院植物做成干花，再制作成花环，装饰在室内各处。还可以加上边框，使其更加立体。

在杂货中不经意地点缀一些假花

玄关里选择的并非是大型植物，而是用与杂货搭配的小型假花，为空间增添色彩。

与后山和谐共融的怀旧古民宅的庭院

——东山早智子

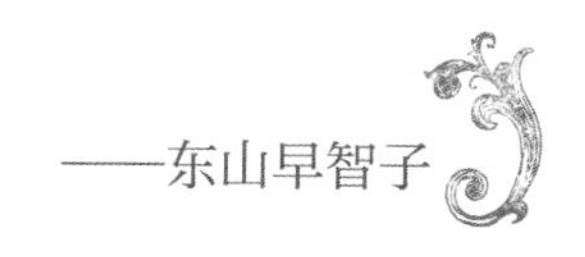

融入古今风格 与植物自然共生

这是一间古旧民宅，玄关前摇曳着素雅的红花。东山女士非常喜爱旧物和植物，这家建筑年龄超过150年的老宅子，既是她的家，也是她经营的工作室兼艺术展示室。庭院借景后山，风格怀旧。院子里散落着颇具古旧韵味的木制椅子和木箱，并点缀有淡雅朴素的植物。

屋内则留有一片泥土地作为艺术展示室，随意地摆放着艺术家们的各种容器作品，里面装饰着时令花草；抑或是通过小盆栽、花环等，展示着如何巧妙利用植物进行装饰。无论是庭院，还是室内，都可以充分欣赏到东山女士的个人风格。

“希望能有更多人感受到，用自己热爱的事物和植物装点生活，是多么美好的一件事。”

木制椅子和金属架营造现实感，茂密的樱桃鼠尾草将庭院装点得充满野趣。

将庭院里收获的柚子和辣椒放在滤水篮里，置于日照充足的走廊下。光线强烈的时候，还可以放下竹帘子遮光避暑。

为此，东山女士还主办了花艺培训课等各种活动，也吸引了许多人参加。

静谧的古民宅，温润的植物，这样的生活令人内心充盈。东山女士尽情享受着这里的生活，这正是她的心之所向，也是她在公寓生活中所不曾体验过的。

从庭院可以看到走廊的一角：叠放的木箱，装饰着朱蕉等植物，令人玩味。

A B
C
D

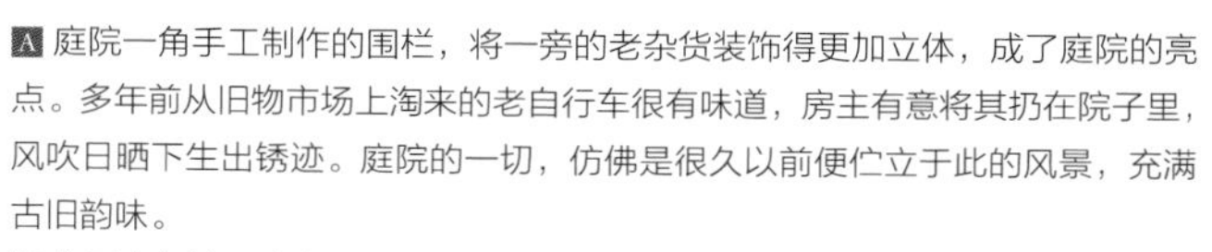

A 庭院一角手工制作的围栏，将一旁的老杂货装饰得更加立体，成了庭院的亮点。多年前从旧物市场上淘来的老自行车很有味道，房主有意将其扔在院子里，风吹日晒下生出锈迹。庭院的一切，仿佛是很久以前便伫立于此的风景，充满古旧韵味。

B 从屋内向外看院内的泥土地，没有刻意装饰的朴素庭院，与老宅子和谐相衬，融为一体。

C 红萼苘麻自玄关前的屋檐垂下，为庭院增添了一抹亮丽的色彩。

D 在旧暖炉里铺上小小的玉石，将其变为展示插花作品的地方。

用古民宅特有的温暖感
凸显复古怀旧的感觉

泥土地房间和起居室内的庭院风

Garden Essence

东山女士主张用自然滋润生活。她选择了木制家具和篮筐等自然材料的陈设，并以此为基础，配合充满野趣的植物，制造气氛。

利用植物的生机
凸显古旧家具、器具的魅力

作为艺术品展示空间的泥土地上，摆着梯子、棚架等古旧的小家具，与植物搭配在一起，显得更加明快而富有生机。

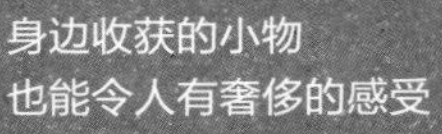

身边收获的小物
也能令人有奢侈的感受

利用后山的刺瓜藤做成带提手的篮子，放入院里收获的柚子，温暖而又平和。

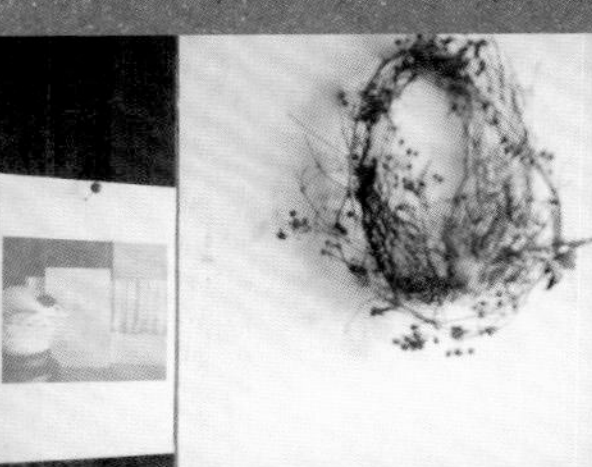

A B

A 将种在田里的绣球“安娜贝尔（Annabelle）”做成干花，明亮的柠檬绿和任何场合都很搭。

B 使用小月季和鸡矢藤手工编织的自然风花环，在白色墙壁的映衬下显得更加清新。

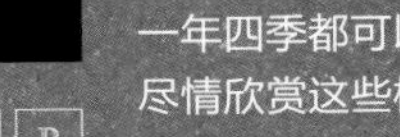

一年四季都可以
尽情欣赏这些植物

同时欣赏家装与植物的美

最令人喜爱的是装有复古毛玻璃的窗边。素雅的容器旁，装点着渐尖叶鹿藿的花藤，与窗棂的剪影彼此映衬，分外动人。

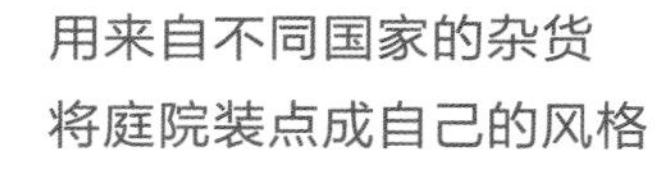

用来自不同国家的杂货
将庭院装点成自己的风格

N 的庭院像森林一般被绿荫包围，里面种植着榉树、樟树、花曲柳等高大树木。从 N 的家过来这里也很方便，因此 17 年前，N 买下了这里作为自己的第二座房子，开始了园艺生活。

N 很喜欢“绿意丰富、自然而又别致的庭院”，并在自己的庭院里随意摆放着旅行中购买的纪念品，以及在杂货商店里买来的成套的真品古董杂货，使庭院散发着一种久经时间洗礼的稳重与沉寂。

“我对古董的热爱已经持续 20 多年了。我收集的一些古董原本是家装内饰，现在甚至也摆在庭院里，与植物一同，装饰着庭院。”

利用高品质的古董杂货
为种满各种树木的庭院增添气氛

——N

A B

A 10 年前安装的老花架下，仿佛一个小小杂货库，令人不禁联想到欧洲的乡下田园。白色的珐琅洗手盆和水壶则给人一种干净清洁的感觉。

B 树下的场景风格怀旧：带锈的老三轮车颇有古旧味道，甚至变成了花架，上面摆放了花盆。

“这些杂货来自欧洲、亚洲的不同国家，都是我凭借直觉挑选的。”

其实，购买这些杂货的时候，N并没想好应该把它们放在哪里。而真的站在庭院前，认真思索这个问题的时候，也是N最为快乐的时候。因为常接触各国杂货，N很擅长将各国的特色完美结合，并融入自己的自然风花园之中。

C N很喜欢枝叶蔓延垂下，或是多肉这类形状特殊的植物，它们与篮筐或铁壶等具有质感的杂货也很搭。

D 在生锈的铁制花台上，装饰着花盆和古董杂货，凸显立体感。

巧用古朴杂货
让庭院风格更加沉稳大气

阳光房里的庭院风

Garden Essence

6年前，N在客厅旁建起了一个向往已久的阳光房，可以近距离欣赏到透过树叶洒下的阳光和庭院里的植物。

以绿荫作背景
装饰杂货和植物

窗外茂密的枝叶成了天然的壁纸，映衬着简约却充满分量的古董器具及厚叶盆栽植物。

在被绿色包围的特等座位
享受奢侈的时光

在婉转的鸟鸣和树叶的沙沙声下品味早餐或是举办派对，让人内心无比平静。这也是N最为享受的时光。

HOW TO DRYFLOWERS

将庭院风格带入室内

如何制作美丽的干花

干花与杂货的组合，能使任何地方都变得充满格调。柔和稳重的色调和略显怀旧的风格，更加凸显杂货的陈年韵味。其实，院子里很多花草都可以做成干花。通过简单的自然风干即可完成，不妨一起来试试吧！干花小店“f³”的主理人米须悦子为我们总结了以下要领和技巧。

除了花卉，庭院里的草木也可以风干，进行更加丰富的展示

风干植物制作要领

POINT 1

避开梅雨季节和下雨天

尽量选择湿度较低的季节、晴朗的日子。秋天植物的水分最少，最为合适

POINT 2

不要选择水分含量高的植物

花、叶较厚，水分含量高的植物不适合做成风干植物

POINT 3

最好能短时间内干燥

干燥时间越短，完成效果越好

自然风干制作干花的方法其实非常简单，就是让鲜花干燥。这样制作的干花，与利用药剂制作的相比更加朴素自然。

除了花卉，也可以使用草木叶子、树皮制作风干植物。相比普通花卉，这一类风干植物别有一番风味，装点在房间里，也可以增添一分淡雅与自然风。

无论哪种材料，只要细心挑选植物，把握采摘时间，留心干燥地点，都可以创作出美丽的作品。

主理人 米须悦子

干花小店

f3

日本山梨县北杜市高根町村山西割 408-1

0551-45-9373

http://www.dryflower-f3.net/

细化到每一步工序！制作风干植物的小技巧

一般植物都能做成干花，但也有一些植物难以自然风干。下面，我们将从植物的挑选方法、采摘时间等方面，介绍花卉、叶子、树木这三种不同材料制作风干植物的技巧。

			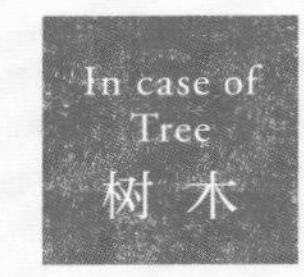
挑选方法	选择水分含量低的 如花瓣较薄的花 水分含量少，质感比较干的花最适合做干花。如果是喷射状开放的花，也可以带上花蕾一起制作。花瓣较厚的花水分含量高，花瓣容易掉落，自然风干比较困难。 如拟鼠麴草、蜡菊	选择薄叶植物 或香草等植株茁壮的植物 水分较少的银叶草、芒草等青草类植物，以及可以做成花环的藤类植物都很合适。而叶子较厚的植物则不太容易处理。 如迷迭香、兔尾草	大多数树木都很适合做成风干植物 但花朵和叶子太厚的则不太好处理 绝大多数树木都很适合做成风干植物，但需要注意的是，花朵和叶子太厚的树木材料则不太好处理。藤类植物重量轻，很容易风干。风干后，不同树木的果实也会呈现不同颜色。 如尤加利、贝利氏相思
采摘时间	花开七八分的时候最合适 花蕾也可一同做成干花 在花朵满开前，花开七八分的时候采摘最合适。如果满开后再摘，风干后花瓣容易散开、凋零，无法呈现出最好的颜色。此外，采摘时，尽量选择花朵状态最好的时间段，例如气温还未升高的上午，或是舒适的傍晚等。	秋天叶子生长，最为合适 如果是以观赏为目的， 选择了香草植物，同样是秋天最佳 与枝叶发新芽的季节相比，秋天，植物枝叶已经茁壮生长，此时采摘，制作出来的风干植物颜色更加鲜艳。与花卉相同，采摘时，尽量选择叶子状态最好的时间段。香草植物也是一样，如果是以观赏为目的，而并非食用和香氛，则在干燥的秋天最为合适。不过，此时香草植物的香味会有所变淡。	树枝可以随时采摘 秋天采摘的枝叶形态最容易保持 利用树木制作风干植物，基本上可以随时采摘材料。不过，最好避开生新芽的季节，因为此时树木的枝条尚未生长牢固。秋天，枝叶已经充分生长，此时采摘，风干后其形态最不容易改变。不过也有例外，例如绣球。制作风干绣球时，可以让其植株自然枯萎，夏末初秋时再摘，这样可以使绣球美丽的颜色保留下来。

保持材料形态 & 保存方式

装饰在通风好的地方
保存时尽量置于阴暗的高处

将风干植物装饰在阳光无法直射、干燥的地方，更易于保存。卫生间、厨房、洗手池等附近湿气较重，因此应尽量避开。保存时，可将其用报纸、纸袋包起来，置于湿气较少的高处。不过，风干植物原本也不适合长期欣赏，潮湿的梅雨季节后，不妨动手制作新的干花。

干燥方法

将材料分成小束
倒挂在阳光无法直射的地方

去除多余的茎叶，使材料可以在短时间内充分风干。风干时，可将材料分为小束，用皮筋扎起，置于紫外线无法射入的干燥室内。而由于高处湿度较低，因此可以将其挂在衣架等物品上吊起。一般情况下，水分较少的青草类植物大约 1 周即可，花朵较多的蔷薇属植物则需要 10~14 天。

※ 因季节、地区、场所、气温和湿度不同，干燥的标准也会有所差异。

不妨在庭院试着种植

这些园艺植物 风干后一样很美!

这里列举了几种既可在庭院种植，又非常适合风干的园艺植物。你想要尝试哪一种呢?

花朵 Flower

粉色的渐变色非常美丽

圆锥绣球“水无月”
虎耳草科 落叶灌木

球形小花丝毫不逊色于杂货，自成一景

蓝刺头
菊科 耐暑性宿根草

风干后依旧保持鲜花的美艳

牛至“肯特美人（Kent Beauty）”
唇形科 半耐寒性宿根草

叶子 Reaf

常见的代表性藤类植物

常春藤
五加科 常绿攀缘灌木

风干后，白色的茸毛也不会消失

绵毛水苏
唇形科 宿根草

带有清爽的薄荷香

广叶山薄荷
菊科 耐寒性宿根草

树木 Tree

结实的花叶宛如配饰

北美木兰
木兰科 落叶乔木

棉花质感，像烟雾一般

黄栌
漆树科 落叶小乔木

鲜艳的红色适宜长久保持

野蔷薇
蔷薇科 落叶攀缘灌木

Only one Garden

独具风格的庭院

想要近距离感受花草的魅力，
想要被森林一般的树木包围。
将心中的憧憬融入独创的庭院，
打造一个令人身心放松、不可替代的休憩场所。

庭院里的咖啡角。长椅和单人椅在经历风吹雨淋后，别有一番韵味。心情舒畅的时候，不妨在院子里来上一杯咖啡。

Case 1

草木与建筑完美共融
打造欧式静谧庭院

——拉弗兰德（La Flandre）

Only one Garden

门外种着迷迭香和金铜色叶子的新西兰麻，草木郁郁葱葱，茂密灵动。

淡雅的白色建筑与清新的庭院融为一体

位于日本茨城县筑波市的花店“拉弗兰德（La Flandre）”也是一家咖啡馆，同时兼做造园设计。一旁的庭院于 11 年前开始修建，结合了比利时朴素闲适的氛围和巴黎优雅考究的设计。通往 2 楼的螺旋楼梯、水泥大门，随着时间的流逝更加沧桑凛然，别具风味。常青的光蜡树和橄榄树使庭院的外观不再厚重，更增添了一分自然感。

各种观叶植物和白花草木是庭院里的主角。略带斑纹的树叶为院子带来别样的韵味，爬藤植物让各种结构和花坛变得柔和。每当花期到来，庭院就会被绣球“安娜贝尔”和多花素馨的白色花朵包围，变得清新又美丽。

每年 5 月初，白色木香花盛开时，庭院最为热闹。攀缘至 2 楼的茂盛枝叶与建筑物融为一体，构成了最精彩的画面。石质的装饰物与吊灯等杂货也令人身心舒适。这样一个设计完美的庭院，使人流连忘返，不舍离开。

走上旋转楼梯，有一条小路连接着种满绿植的阳台。一旁茂盛的木香花也"挤"入小路，整个画面充满野趣。

NOSTALGIC ITEM

灯

入口处、走廊、庭院草木深处都装点着小灯，透着温暖的橘色灯光，也是庭院主人荻野谷在布置庭院时最倾注心血的小物。

按一定规律摆放的装饰物为静谧的庭院增添律动

A B

A 通往大门口的藤蔓架。小路边种着常青阔叶山麦冬，流动的线条非常美丽，为历久变色的水泥墙壁增添了一分生机。

B 咖啡馆与庭院之间露台的走廊。落叶的季节，围栏与脚边的简约装饰和小型温室也在不经意间变成了美丽的陈设。

Only one Garden

温暖的灯光
营造身心放松的空间

铺满乱形石的小路与花坛间种有铜黄色叶子的匍匐筋骨草。深紫色的叶子中，藏着古旧的灯泡型电灯，非常雅致。

拉弗兰德的庭院为何令人印象深刻

庭院的外部构造和内部建筑都被植物包围，设计考究，任何一个角落都充满生机。

B

A

丰富而各具特色的植物让庭院充满新鲜感

A 极具观赏价值的大型月季“雪绒花（Edelweiss）”，沿着旋转楼梯的斜坡摆满了花盆，均为同一种花，简约而又文雅美丽。

B 盛开的木香花从2楼垂落。据说，每年这些花都会吸引许多人驻足。

充满开放感的惬意阳台

2楼原本是主人的居所，现在改装为艺术展示空间。景色开阔的阳台上特别放置了座椅，可以在此放松小憩。

用各色花朵将窗边装点得缤纷多彩

1楼的花店窗边摆满了当季鲜花。除了出售美丽的花束和花环外，这里还会举办花艺培训课。

Only one Garden

亲手打造出
隐于森林中的理想庭院

自由生长的茂密枝叶，丰富的草木色彩，都吸引着人们的到来。这里是位于日本爱知县半田市的美发屋兼面包屋“Camibane”。杂货风的店面由店主夫妇亲手打造，周围被树木包围，独具风格。夫妇二人一直都很想拥有一个“隐于森林”的花园，于是三年前请园艺师川本谕设计了这个庭院。

庭院里大半都是树木和观叶植物，其中特别加入了一些银色、斑纹、黄色叶子的植物，与周围的草木相搭配。曾经沉睡在仓库深处的白皮铁、旧枕木等老物件也被装点在庭院各处，散发着粗糙古旧的质感。走在庭院里，仿佛是在森林中漫步，激发着人们的冒险心和好奇心。

面包屋“Camibane”便坐落于这舒适的庭院里。每一天，人们都可以在面包的香气中，惬意攀谈。

A 千叶兰郁郁葱葱，枕木间长满了活血丹，一条小路将人引入院子的深处。

B 重新改造的门上贴了旧木箱的木板，门外则是葱郁的花园。

C 生锈的铁门旁，绣球“安娜贝尔”静静开放。

D 店铺招牌下面摆放着茁壮生长的盆栽多肉植物景天。这些花盆也是庭院装饰中必不可少的。

A

B C D

Case 2

一株株草木构建起整个庭院的风格
青葱景致优美动人

——Camibane

NOSTALGIC ITEM

结果的树木

Camibane 的庭院里种了许多结果的树木，果实也为庭院增添了一抹色彩。嫩绿的枝叶、开花、结果，到叶子变红，随着四季变换，庭院也呈现出不同的景色。如果是果树，果实的收获也是一大乐趣。

荚蒾

蓝莓

将个性迥异的花草搭配在一起打造令人印象深刻的绿色花园

陈旧的铁皮墙，按一定规律铺装的砖块和土块，自由生长的草木，搭配在一起，相得益彰。

Only one Garden

抛弃定式束缚
随处发挥自由想象

A B
C
D

A 银色系圆叶尤加利和开着秀丽白色小花的白花丹，遮挡住了粗糙的铁皮墙壁。

B 古旧的拉窗、配色时髦的物件、随意摆放的单枝花花瓶，组合在一起，打造出一个温馨的角落。

C 黄色叶子的挪威枫、略带斑纹的新西兰麻，配上其他青草类植物，各种形状和颜色的叶子搭配在一起，非常热闹。

D 铺着砖块和土块的区域与店铺间有一条小路，小路上随意铺设着两根枕木，宛如山中小道，构成一幅自然的画面。

庭院里的植物与自然材料的杂货交织
散发着迷人的魅力

通往店铺入口的小路旁还设有装饰花架，摆放着种有景天等多肉植物的花盆，吸引着人们的目光。

Camibane 的庭院为什么令人印象深刻

庭院以各种叶子为主基调，原色的杂货和植物则赋予庭院新的变化。用心的配色，高低不同的陈列，设计上稍稍花费的小心思，都是极大的亮点。

将各种装饰材料与花草在地面自由组合

将枕木、砖块、沙砾等有规律地组合，使地面变得时髦有格调。此外，地面上还种了许多景天等多肉植物，充满野趣。

将小型植物集中放在花架上吸引人们的目光

店铺招牌后的梯子上摆满了花盆，里面种着景天等可爱的多肉植物，也使空间更具立体感。

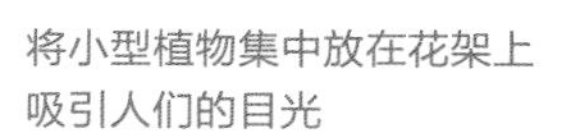

彩色小桶点亮庭院

有意斜放在围栏上的蓝色小桶，既与周围的绿色和谐相融，同时又成了院子里的亮点。

装饰性植物吸引宾客

与杂货和其他装饰物相比，静静伫立的朱蕉也非常有存在感，是主人非常喜爱的植物。

Case 3 增设的木制露台
拉近了庭院与生活的距离

——池添世津子

这里让人很难分清究竟是屋内还是屋外。站在这样的露台上眺望庭院，心情也会变得明朗起来。

Only one Garden

A 走廊面朝庭院，池添女士在这里摆了一张桌子，常常坐在旁边喝茶。因为设有地窗[⊖]，所以将雨窗收进窗套里，就可以没有高度差地与木制露台相通，让走廊空间更加开放。

B 可自由出入室内外的结构，对于爱犬丸子（maruko）来说也非常便利。大概是因为常常在庭院里散步的缘故，丸子虽然上了年纪，但身体还很健康。

C 与木制露台相连的咖啡屋风格小屋，通风良好，可以在此悠然度日，是绝佳的休憩场所。

D 小屋中古董杂货店风格的摆饰。这些韵味独特的杂货大多来自于日本德岛县德岛市的旧家居用品店“koyumeya”。

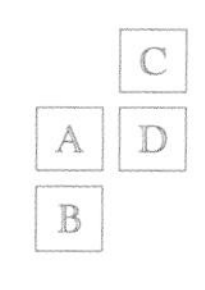

通过重新改造
将和式庭院变为轻松的休憩空间

池添女士的房子建筑年龄已经有 40 年了，房屋周围种植着金桂、具柄冬青等常绿树木。2 年前，池添女士对庭院进行了改造，将凛然的和式风格和自然开放的氛围完美融合。

池添女士所追求的是“像家一样的庭院设计”。

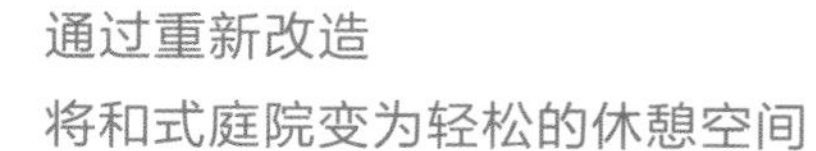

⊖ 地窗，清除室内垃圾的专用通道口，下部与地板或草席高度相等。

枕木被藤类植物缠绕，隐藏在树根旁。散落四处的古旧杂货，记录着流逝的时光。

为了减少庭院与日常生活的距离感，房间的客厅与木制露台和咖啡小屋相连，并且没有高度差和台阶。在咖啡小屋，还能欣赏整个庭院的风景。咖啡小屋的墙壁选择了象牙色，减轻了和式庭院的厚重感。具体涂装工作由池添女士与庭院施工方日本德岛县名西郡的“花园加（PLUS GARDEN）”共同完成，能够亲眼看着庭院渐渐修建得充满开放感，她觉得这个过程非常开心。

当理想变为现实，感受着被植物包围的愉悦，池添女士贴近日常生活的庭院设计构想也逐渐壮大起来。怀旧复古的庭院，同时也是生活的场所，承载着每个人向往的样子。

Only one Garden

A B C D

A 庭院中央有一条人工小溪，点缀着“静谧的花园”。潺潺的水声与缓缓的溪流也令人身心放松。

B 面朝庭院的走廊放着一个小柜子，上面装饰着小型绿植。池添女士用这样的“小心思”，将屋内与庭院连接了起来。

C 咖啡小屋里装饰着一个古董秤，上面放着水灵灵的小苹果，画面如同明信片一般。

D 庭院一角的瓷砖弓形台，葱郁的花草与蓝色的瓷砖组合在一起，非常清新。

怀旧风格的杂货和花草
随处可见

NOSTALGIC ITEM
和风物件

三轮车

牛奶罐

牛奶罐、三轮车等和风旧物为池添女士的庭院增添了一分怀旧气息，同时带有些许厚重感和古早味，加上周围的绿色装点，令人印象深刻。

池添女士的庭院为什么令人印象深刻

白色的墙壁配上蓝色、绿色等色彩柔和的杂货，也成了和式庭院的装点。此外，池添女士还选择了一些颜色朴素大方、不过分明艳的色调，不经意地点缀在绿色植物之间。

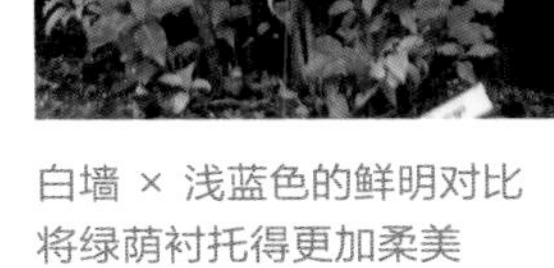

白墙 × 浅蓝色的鲜明对比
将绿荫衬托得更加柔美

将池添女士心爱的暗蓝色长椅放在具柄冬青的树荫里，与树枝上挂着的鸟笼在不经意间相互搭配。

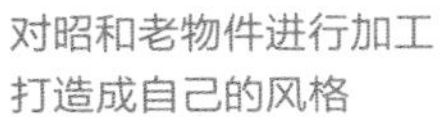

对昭和老物件进行加工
打造成自己的风格

在昭和时代的白色老洗手池外围贴上方形图案，将其变为花瓷砖风。古朴的枕木则使池添女士的设计更加出彩。

斑斑锈迹的绿色
突出了绿植的生机

充满时代感的古旧水井，暗绿色的表面带有斑斑锈迹，周围的盆栽铜钱草也显得更加充满生机。

在浅绿色的箱子里
摆满小型盆栽植物

太过简单的花盆有时让人觉得不够丰富。在颜色明快的箱子里摆上小型盆栽植物，也使得陈列更加富于变化。

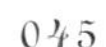

Only one Garden

这是一个长满优美绿叶的庭院，每当风起，沙沙的树叶声不绝于耳。庭院设计参考了日本神奈川县横滨市的园艺商店“精彩装饰 · **英式乡村别墅**（WONDERDECOR English Cottage）”，由东京都目黑区的“旧货（BROCANTE）”完成施工。

A 停车场旁的空间同时也是连接玄关的小路，路边种植着皱叶木兰和山桃，带来清凉的绿荫。

B 玻璃遮阳房让人仿佛被绿色包围，内设桌子和沙发，可在此放松小憩。

A B

在绿意包围的遮阳房里
度过奢侈的小时光

大高女士五年前搬进了这栋带有庭院的房子里。入住时，庭院草木丛生，难以打理。大高女士请来了“旧货（BROCANTE）”对庭院进行改造施工，伐树、修剪、配合建筑重新搭配花草。修整后的庭院焕然一新，变成了一个清爽、通透的绿色花园。

客厅对面的遮阳房是庭院的一大亮点。玻璃的遮阳房在视觉上消除了压迫感，无论是从客厅还是遮阳房向外眺望，景色都很好。“欣赏着绿色的庭院，看看书，喝喝茶。现在，家里人都非常喜欢这个遮阳房。”

大高女士还在庭院各处设置了饮水台和桌子，在院子里也可享受休闲惬意的时光。客厅阳台窗边有一块木制露台，方便从客厅进入庭院。摘几片露台边的薄荷叶，在遮阳房里，享受着风吹树叶沙沙作响，流水潺潺……在这样的庭院里，每天的生活都绿意满满。

NOSTALGIC ITEM

鸟饮水盆

花草阴凉处设有饮水台，为庭院带来了一丝清凉。“小院还吸引了许多鸟，有绣眼鸟、白头翁……”婉转的鸟鸣，也是庭院的魅力所在。

Only one Garden

巧用水与光
为庭院带来清凉感和光芒

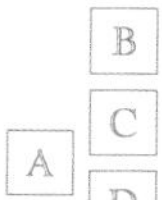

A 停车场旁的饮水台装饰着假石，给人一种粗糙的感觉，野趣横生。庭院里可以听到潺潺流水声，令人心情舒畅。

B 树枝上挂着自然风麻布遮阳，阳光透过麻布，轻柔地照射在老式铁桌和椅子上。

C 延伸至房屋深处的狭窄小路，阳光从路旁树叶的缝隙落下，脚边是自然的光影。

D 遮阳房内种植着花草，明亮光洁的玻璃瓶将植物衬托得更加水灵。

大高女士的庭院为什么令人印象深刻

种植绿植的庭院很容易色调阴暗、沉郁，但大高女士利用各种丰富的绿叶，为庭院增添了色彩感。通过加入杂货和其他装饰材料，减少暗色，也凸显了植物的魅力。

选择透明的花卉容器
使植物更好地吸收阳光

遮阳房墙壁上安装了置物架，下面挂着干花装饰。摇动的玻璃容器反射着阳光，闪闪发亮。

用心挑选的装饰材料和花卉
让阴凉处也变得明快

在阴凉处种植了初夏开花的白色绣球“安娜贝尔”，并铺上了亮褐色的砂石，清新明快。

花草旁静静放置着旧椅子

在茂密生长的植物旁，放一把古旧的椅子，提升气氛。椅子黯淡的绿色，也非常自然地与周围景致交融在一起。

使用篮子 × 麻布
种植可爱的香草植物

在铁丝篮里装饰上麻布，种上香草植物，仿佛采摘自原野，是一种非常自然的装饰。

按材料种类介绍

营造庭院氛围必备的杂货

打造怀旧复古的庭院，风格古旧的物品必不可少。
下面将按材料类别为您介绍各种能够营造复古氛围的杂货。

※ 刊载商品均为孤品或库存稀少，请悉知，详情请咨询各店铺。

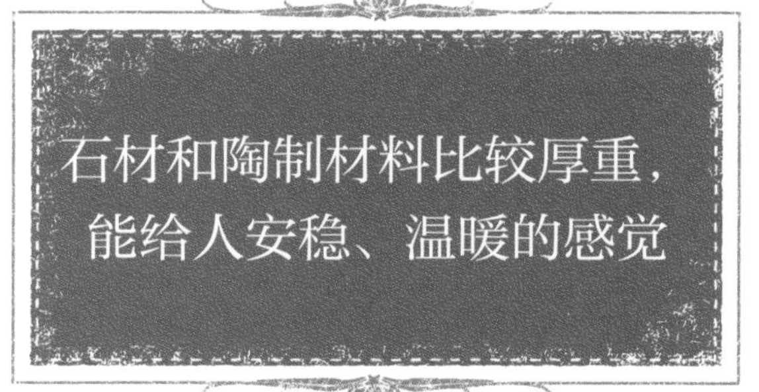

兔子摆件

塑胶材质装饰品，经过特殊加工，很有厚重感。动物元素能营造出山林般的风格。
（各 W125mm × D70mm × H145mm）
各 ¥1,995 日元
▦ 工具盒子（TOOL BOX）

收纳水管的罐子

蓝色的塑料水管非常影响庭院景观，可将其收入罐子里。这个罐子带有烧制容器特有的渐变色泽，非常美丽，同时带有排水孔。
（ϕ 450mm × H730mm）
¥20,790 日元
▦ 花园加（PLUS GARDEN）

塔纳格拉风水桶

这个水桶虽然是塑胶材质，但外表古旧，非常有老式古董的感觉。哑光蓝的颜色也很美。
（ϕ 320mm × H255mm）
¥2,205 日元
▦ 考文特花园（COVENT GARDEN）

猫头鹰装饰

来自园艺爱好者最为信赖的品牌精彩装饰（WONDERDECOR）。
（W150mm × H300mm）
¥9,240 日元
▦ 精彩装饰（WONDERDECOR）

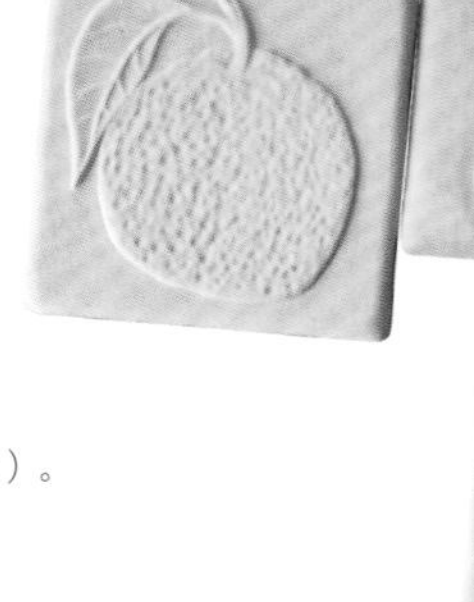
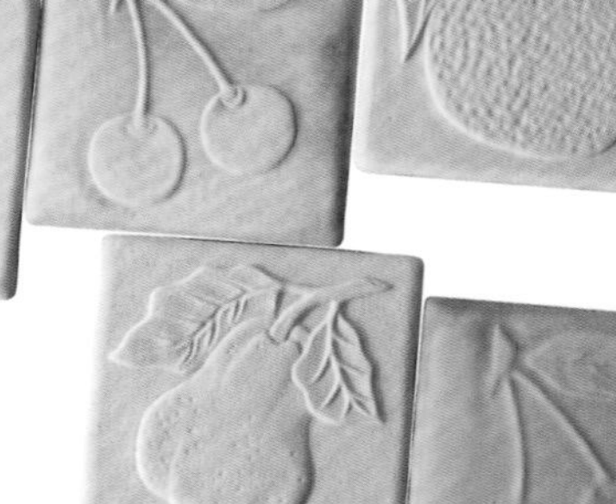

古典花砖

未经上色的白色瓷砖，上面有水果的图案，像是一件未完成的作品，非常朴素。
（各 W100mm × D5mm × H100mm）
各 ¥2,940 日元
▦ 老式的 10（demode10）

复古花砖

图案为东欧自古以来沿用至今的设计，风格复古，颜色丰富，很适合用来装点庭院。（W150mm × D5mm × H150mm）

各 ¥690 日元

麦芽（malto）

小精灵鸟窝

陶土鸟窝，形状是两只颜色鲜艳的蓝色小鸟并排在一起，不均匀的涂色充满手作风。（W220mm × D180mm × H120mm）

¥1,980 日元

麦芽（malto）

水罐

用毛刷刷出条纹图案，非常具有东方特色，放在夏天的庭院里，给人一种水景花园的清凉感。（ϕ470 mm × H510mm）

¥32,340 日元

花园加（PLUS GARDEN）

饮水台

蓄水后可供小鸟沐浴或是饮水，形如石柱，非常夺目。（ϕ360mm × H600mm）

¥39,900 日元

精彩装饰（WONDERDECOR）

奥拉贝壳壶

特殊做旧加工的陶壶，贝壳形状，壶底没有孔，可以用作茶壶保温罩或花坛。（W150mm × D75mm × H125mm）

¥577 日元

麦芽（malto）

植物标签

非常简约的石板标签，可以用粉笔或是白色笔在上面写上植物的名字，作为标记。该标签为英国 Nutscene 公司产品。（W30mm × D5mm × H190mm）

¥2,625 日元

一生（Lifetime）

石材装饰物

装饰砖块，图案设计颇具古代风格。经过加工，恰有一点破旧，同时带有一定厚度。（W175mm × D15mm × H175mm/W150mm × D15mm × H195mm）

各 ¥1,680 日元

麦芽（malto）

六只一组的蘑菇装饰

略带青苔的石像风蘑菇装饰，下面有签子，可以直接插在庭院里增添野趣。（ϕ60~100mm × H165~285mm）

¥6,090 日元

VOJU

独具韵味的茶系配色
木质纹路更增添了
温暖的感觉

老式波士顿箱包

老式古董包风格的收纳箱，非常适合收纳肥料、土等各种杂货。

（W430mm × D200mm × H370mm）

¥5,480 日元

麦芽（malto）

旧木种植架

用废旧木板拼接而成的种植架，木板参差不齐，充满了自然又田园的氛围。

（W515mm × D210mm × H145mm）

¥2,480 日元

麦芽（malto）

园艺插牌

适合装点盆栽花卉的园艺装饰，种类丰富，可以自由搭配，还可以在播种后用来做标记。

（右：W50mm × D35mm × H35mm × L120mm）¥294 日元

（左：W90mm × D5mm × H70mm × L165mm）

¥504 日元

工具盒子（TOOL BOX）

古董锁盒

复古的锁盒，外形为可爱的儿童木马。旧时孩子们的玩具，非常适合用作庭院的装饰。（W485mm × D170mm × H285mm）

¥12,800 日元

第一次旅行（Fitst Trip）

烛台

工匠手工制作的木雕烛台，细节用心，涂色也充满古旧风格。

（各 ϕ 100mm × H500mm）

¥12,600 日元

GF 庭院（GFyard）

古董木桶

设计模仿英国古典风格，黄铜别扣、提手的皮革和绳子等，都具有相当强的承重能力。（ϕ 310mm × H320mm）

¥39,900 日元

一生（Lifetime）

学校椅子

怀旧的设计，令人回想起孩提时代，非常适合用作陈列架或花架。

（W360mm × D370mm × H725mm）

各 ¥8,400 日元

老式福山（DEMODE FUKUNAKA）

人字梯

在各种园艺家具中，人字梯最受欢迎。奶油黄色的梯子，也将周围绿色的草木衬托得更加夺目。

（W360mm × D480mm × H575mm）

¥8,800 日元

第一次旅行（Fitst Trip）

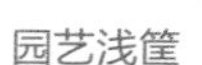

园艺浅筐

英国传统浅筐，庭院收货时使用，也可收纳工具。使用时间越长，浅筐越有味道。（W300mm × D160mm × H300mm）

各 ¥8,925 日元

一生（Lifetime）

旧活字印刷架

有许多细小隔层的旧抽屉，还可以挂在墙上装饰墙壁。
（W555mm × D47mm × H425mm）
¥12,800 日元
▣ 第一次旅行（First Trip）

木制鸟笼

做旧的木制鸟笼，与铁制的相比多了一分温暖的质感。鸟笼里还可以放上小鸟的饮水盆。
（ϕ 260mm × H410mm）
¥5,670 日元
▣ VOJU

书立

可以用来收纳小型花草，镂空的燕子形状非常可爱，充满和风。（W335mm × D155mm × H220mm）
¥2,625 日元
▣ OTSU FURNITURE

百叶窗

百叶窗可当作背景，映衬在摆件的后面，淡蓝色使整个角落瞬间明亮起来。
（W366mm × D19mm × H673mm）
¥17,850 日元
▣ 色彩（Colors）

三脚凳

昭和初期大量生产的日本国产凳子，三条凳子腿螺旋交叉，设计上很有现代感。
（ϕ 290mm × H470mm）
¥7,800 日元
▣ koyumeya

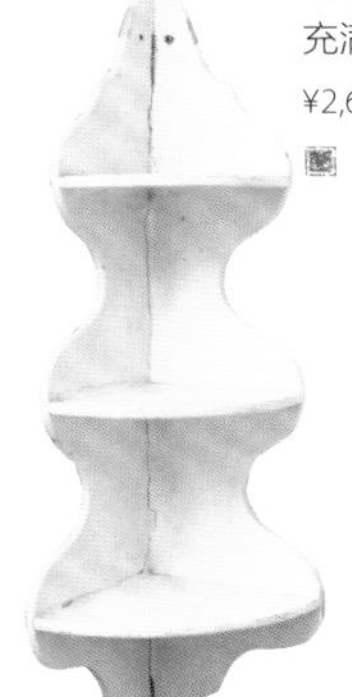

木制角架

波浪形的奶油色角架，给人柔和的感觉，还可将墙壁角落灵活利用起来。
（W205mm × D145mm × H558mm）
¥7,140 日元
▣ 色彩（Colors）

黑色大门

故意做旧的大门，有一定高度，暗黑色为庭院增添了一分古典美。
（W470mm × D26mm × H1980mm）
¥26,250 日元
▣ 考文特花园（COVENT GARDEN）

古董大丽花种植箱

底部有网纹的木箱，可当作棚架、种植盒、收纳盒使用，用途多种多样。
（W505mm × D375mm × H170mm）
¥3,150 日元
▣ VOJU

椭圆框

线条柔美的椭圆框，为庭院增添了古典美。框架上还带有复古花型浮雕。
（W400mm × D25mm × H555mm）
¥8,400 日元
▣ 富士山家具（FUJIYAMA FURNITURE）

独具韵味的茶系配色
木质纹路更增添了
温暖的感觉

复古盘子

极具代表性的日本产珐琅盘，笔触带有复古风。通俗的颜色和图案，很适合用来装点温暖风格的花园。（ ϕ 300mm × H30mm ）

¥6,825 日元

GF 庭院（ GFyard ）

三角挂钩

三角形的壁挂式挂钩，可以在上面挂上园艺工具或是装饰品，也能将墙壁有效地利用起来。其破旧、粗糙的质感也独具魅力。（ W315mm × H685mm ）

¥8,925 日元

色彩（ Colors ）

老式熨斗

带有台架的老式熨斗，虽然很小，但是带有斑斑锈迹，很有存在感，反衬出了植物的娇嫩。（ 主体 W94mm × D155mm × H80mm ）

¥4,800 日元

旧货（ BROCANTE ）

帽子钩

老式壁挂帽子钩，设计简单，绿色沉稳而充满韵味，挂上帽子，仿佛如画一般美好。（ W520mm × D410mm × H420mm ）

¥8,925 日元

色彩（ Colors ）

小木马

铁制小木马，造型怀旧，经过特殊加工，表面仿佛被擦拭过一般，充满古旧韵味。（ W270mm × D60mm × H200mm ）

¥3,885 日元

阳台风格（ balconystyle ）

陈列架

老式陈列架，形状如螺旋楼梯一般，具有铁制陈列架特有的柔和曲线，十分优雅。（ W290mm × D220mm × H480mm ）

¥17,800 日元

第一次旅行（ First Trip ）

炭火架

旧时日本的一种工具，可以与一些二手旧物搭配在一起，装点庭院。底部为镂空设计，也可当作花盆使用，造型独特。（ W350mm × D150mm × H150mm ）

¥500 日元

koyumeya

迷你凳

老式美式小凳，灰色色调与座椅表面的字母给人带来清凉感，与观叶植物很搭。（ ϕ 230mm × H300mm ）

¥13,440 日元

晨歌（ matin ）

画板

印有插画或是照片的画板，让人很想装饰在庭院里，也是一种收藏品。

上（ 麝香葡萄 W202mm × H135mm ）¥630 日元

balconystyle

左（ 模特 W404mm × H644mm ）¥2,940 日元

考文特花园（ COVENT GARDEN ）

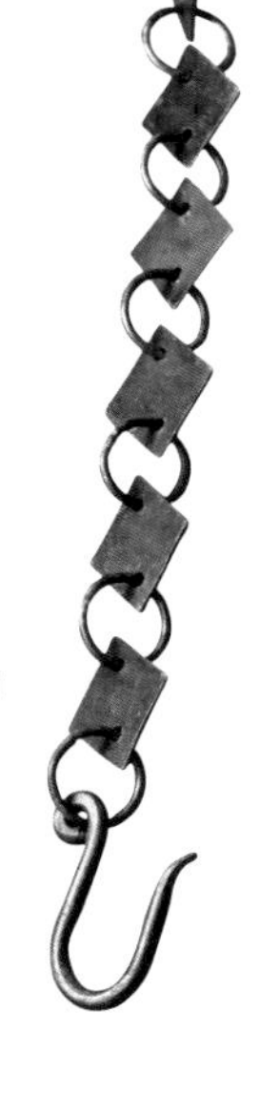

小金属配件

在局部装点上小金属配件，可以为庭院制造气氛。古旧的小配件价格低廉，也方便购买。

左（壁挂架 W42mm × D315mm × H200mm）¥1,200 日元

中（黄铜拉丝贝壳 W52mm × D25mm × H42mm）¥840 日元

右（铁链 W25mm × H310mm）¥2,625 日元

色彩（Colors）

厨房量秤

古旧的美式量秤，仿古设计非常适合用来作为庭院装饰，锈迹与伤痕也恰到好处。（W205mm × D150mm × H210mm）

¥12,390 日元

晨歌（matin）

信箱

老式信箱，鲜艳的绿色非常美丽，装饰在前花园也是一大亮点。（W140mm × D60mm × H270mm）

¥12,800 日元

第一次旅行（First Trip）

小型船锚

铁制船锚上缠着绳子，海洋风格非常适合清爽的夏日庭院。（W300mm × D80mm × H430mm）

¥9,800 日元

古董朱迪（Antiques Midi）

蚊香盒

老式做旧风的铁制蚊香盒，既有盖子也有提手，便于使用。（ϕ150mm × H95mm）

¥2,500 日元

APOA

牛奶罐

老式牛奶罐，各种颜色交融，略有锈迹，很有古旧韵味，既可以当作摆件，也可以当作容器。（ϕ305mm × H700mm）

¥19,950 日元

GF 庭院（GFyard）

垃圾桶 S

利用二手白铁皮改造而成的垃圾桶，下面还有支架，适合用来收纳肥料等。鲜艳的红色也可以装点庭院。（ϕ370~400mm × H520~550mm）

¥5,000 日元

APOA

井盖桌

把井盖当作桌子，真实独特的造型和厚重感独具魅力。（ϕ350mm × H500mm）

¥6,000 日元

koyumeya

粗点心铺里的老点心盒

以前的粗点心铺里使用的容器，分成几个大格子，可以分别收纳肥料、土壤等，非常方便。（W900mm × D300mm × H400mm）

¥16,000 日元

▣ koyumeya

玻璃罐摆件

带有底座的铃铛形玻璃罐摆件，除了干花外，还可以在里面种植一些不耐寒、喜阳光的多肉植物。（ϕ 240mm × H290mm）

¥9,975 日元

▣ 考文特花园（COVENT GARDEN）

彩色瓶子

印有法语的彩色玻璃瓶子，黄绿配色非常漂亮，可以用来装饰庭院，也可以当作花瓶使用。（ϕ 100mm × H150mm）

¥819 日元

▣ 工具盒子（TOOL BOX）

细长型路灯

插入土中即可固定的细长型路灯，铁制部分带有复古质感，提升了气氛。白天，它也可以当作装饰物点缀庭院。（ϕ 115mm × H280mm）

¥2,625 日元

▣ 色彩（Colors）

玻璃砖

老式玻璃砖，放在光照强烈的地方或是照明灯附近，可以制造梦幻效果，也可以当作展示台使用。（W195mm × D195mm × H95mm）

¥3,675 日元

▣ 色彩（Colors）

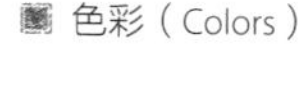

铁架玻璃罐

铁制骨架构成最佳温室，可以种植不耐寒的小苗，也可以将其当作一个展示盒，把心爱的杂货陈列其中，防止雨淋。（W453mm × D250mm × H465mm）

¥10,290 日元

▣ 考文特花园（COVENT GARDEN）

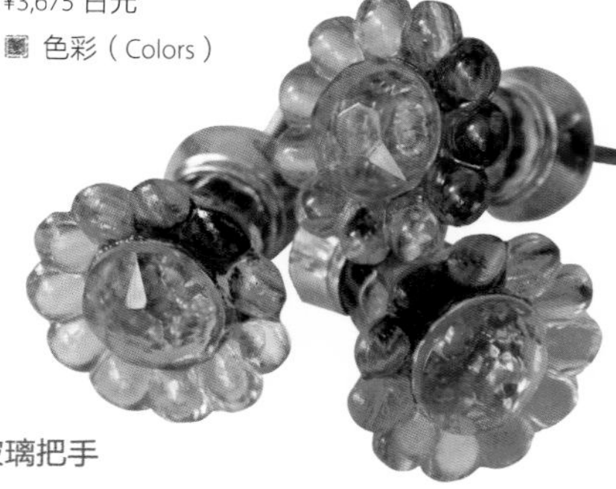

玻璃把手

古典的玻璃把手，复古的形状和颜色都非常美丽。也可以动手将其改装为装饰品。（ϕ 43mm × H48mm）

各 ¥1,800 日元

▣ 古董朱迪（Antiques Midi）

古董风台灯

古董风煤油灯，线条柔美，油罐的部分为琥珀色，适合花园派对。（ϕ 70mm × H140mm）

¥2,100 日元

▣ 色彩（Colors）

玻璃板

带木框的玻璃板，可以嵌在墙壁里作为点缀，也可以当作托盘使用。（W210mm × D40mm × H210mm）

¥3,990 日元

色彩（Colors）

欢迎牌

玻璃质地的欢迎牌，附有链子，可以挂起来，光照时会折射出闪烁的光芒。配色也很简单，可以将其放在任何地方。（W210mm × D5mm × H115mm）

¥980 日元

阳台风格（balconystyle）

灯

需要放蜡烛使用的灯，颇具格调的形状，玻璃上细腻的花纹，营造出了古典的美感，当作装饰品挂起来也很不错。（ϕ150 mm × H310mm）

¥9,240 日元

GF 庭院（GFyard）

镭射玻璃窗

玻璃上有铁丝围成的图案，与彩色玻璃相比，风格更加成熟。（W620mm × D45mm × H750mm）

¥31,500 日元

富士山家具（FUJIYAMA FURNITURE）

黄油制作工具

法国的一种老式厨房用具，完全还原了当时的设计，中间可以装饰植物，也可以单独当作摆件。（ϕ180mm × H400mm）

¥4,980 日元

麦芽（malto）

悬挂吊座

乳白色，可以用来悬挂绿色爬藤植物。（ϕ65mm × H155mm）

¥1,260 日元

VOJU

老屏风

带镂空窗的三面屏风，老式风格的油漆和沉稳的颜色非常复古。（1 面 W400mm × D25mm × H1700mm）

¥26,250 日元

麦芽（malto）

Office

SOAP
DEDICATED
FORTNUM & MASON
QUEEN ANNE
FORTNUM & MASON
BREAKFAST
FORTNUM & MASON
ASSAM SUPERB
FORTNUM & MASON
EARL GREY CLASSIC
FORTNUM & MASON
DARJEELING
ROYAL BLEND

从小小的角落开始

打造有韵味的庭院

如果不知道如何布置庭院的话，不妨先从一个小的地方开始设计。
确定主题后，对每一个角落进行装饰，从而完成对庭院整体的布置。
本章将为您介绍小角落的装饰创意，并会推荐一些凸显庭院主题的家装小物。

Chapter 1

Veranda & Room

阳台 & 房间

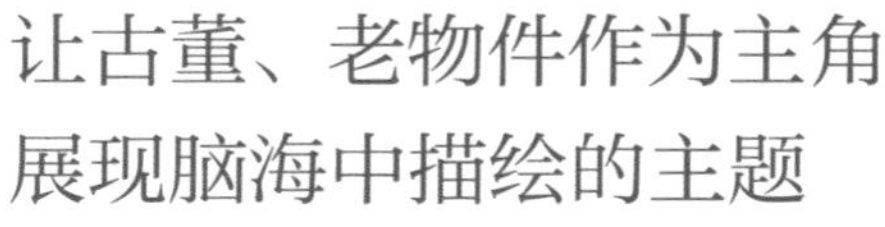

让古董、老物件作为主角
展现脑海中描绘的主题

——衣川千惠

坚硬的物品与柔嫩的小花组合在一起
非常可爱

衣川千惠是一名专写装饰相关内容的作家，老式或是军用杂货、工厂的旧工具、生锈的破罐子……将这些杂货与心爱的堇菜和多肉植物组合在一起，将阳台装点为美妙的花园。

衣川千惠多年来尝试进行陈列装饰，希望能将自己脑海中描绘的画面展现出来。她发现，加入古董品或是老物件，就能瞬间改变氛围。而将柔嫩的小花、多肉植物与给人硬朗印象的花盆或是杂货组合在一起，反而能相互衬托，使整体氛围变得更为可爱。

为庭院里不同的角落制定不同的主题，例如“成熟可爱风”“男性风”“生锈金属风”等，让原本就非常有存在感的旧杂货、旧工具的形象更加饱满，也使参观者百看不厌。同理，在内装方面，也可以将旧工具与干花组合，营造出具有故事感的场景。

Veranda 阳台 #1

“成熟可爱风”的一角，既有叠放的老式收菜箱，还有涂成白色的百叶窗。风格陈旧的杂货中，还零散点缀着许多色彩鲜艳的小植物。

选择各种容器作为花盆
凸显植物的可爱

a. 在篮子里铺上黄麻，装上土，种植粉色的堇菜和银叶植物，非常雅致。

b. 种有堇菜的罐子是先涂黑后又泼上白色油漆的，有意营造出破旧的感觉。

c. 在生锈的点心罐里混栽颜色鲜艳的多肉植物。

a

b

c

d

用小花与多肉植物
装点粗糙的老式量秤

d. 将古老的工业量秤改造为花台，盛放上小型多肉植物，趣味盎然。周围还点缀了一些香雪球。

利用挂饰和改装杂货
装点墙壁上部

e. 利用百叶窗，将空间装点得更加立体：在扇叶上悬挂带夹子的木板，上面夹一份英文报纸，装饰上花环或是种有堇菜的花盆。

e

Veranda 阳台 #2

这个角落以老物件为主，既有从幼儿园里淘来的旧椅子、水罐，还有美国老式汽油桶。此外，这里还有许多主人亲手制作的家具，如用车轮组装的花台，将木制台板放在金属支架上做成的桌子等。

用镀锌铁皮
将墙壁装饰出工业感

a. 挂上吊灯，在打有铁钉的木箱里，装饰上青藤和废铁铺里买来的旧滑车。

a

b

将空油漆桶改造为做旧风花盆

b. 在外国的空油漆桶上贴上标签，涂黑做旧，里面种上红莓苔子。

c. 红色油漆桶里种着翠菊。右侧一根金属棍插在两个旧车轮里组成花台，这也是衣川千惠亲手制作的。

c

锈迹斑斑的金属
与植物的反差组合

d. 在锈迹斑斑的破旧金属桶里种上多肉植物和堇菜，置于钢精盘子上，更加凸显出了堇菜的娇艳。

d

a

模仿酒店前台风格
装饰旧梯凳

a. 在旧梯凳上摆放破旧的外国书、外国钱币，再装点一些风干后的金丝桃和野蔷薇果实。

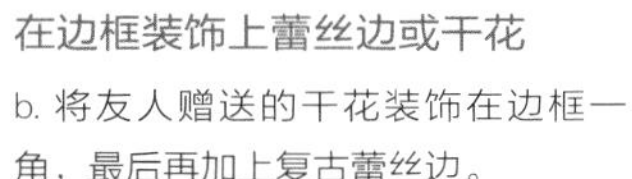

在边框装饰上蕾丝边或干花

b. 将友人赠送的干花装饰在边框一角，最后再加上复古蕾丝边。

b

c

把壁龛当作窗台
用植物装饰成一道风景

c. 将高挑的植物和干花装饰在壁龛，仿佛是窗边的风景一般。衣川女士介绍道，“一旁的小箱子很像行李箱，墙上还挂着帽子，这样可以给人一种要出门远行的感觉”。

Room 房间

玄关大门正面的大型壁龛奠定了陈列的整体风格，旁边还相应地摆上了手工制作的木制长椅和金属材质的老梯凳。篮子里收纳着拖鞋和披肩，使小小的角落同时兼顾实用与美观。

Chapter 2

Approach

铁道

模仿废旧铁道的风格
夫妻一同打造温暖庭院

——田岛敦美

让铁道成为庭院的一部分
打造朴素而又治愈的空间

因为想要打造一个地栽植物的庭院，田岛夫妇来到了这片山间绿地。他们在绿地中央建造起了自己的家，而入口处和后院则是两个风格迥异的庭院。入口处的前花园里种满了以月季为主的艳丽花朵，后院则围绕着一条废弃的铁道，栖息着各种生物，是一个自然而又朴素的空间。

在参观某个园艺比赛活动时，田岛夫妇受到启发，于是制作了后院的废旧铁道。田岛敦美表示，“我一直想要打造一个朴素又温暖的庭院，里面有废旧的铁轨，还有随意扔在一旁的小矿车。”刚好，田岛敦美的丈夫在学生时代也曾热衷于铁路摄影，夫妻二人一拍即合。

铁道两侧既有路标、信号灯，还装点有模仿小矿车的木箱子、铁道栅栏等手工制作的铁道元素。铁轨与枕木间露出朴素可爱的小花草，唤起人们对故乡的思念。这样一个庭院，朴素而又治愈内心。

营造凋敝感

给人以时间静止的错觉

a. 废旧的铁道深处，一个信号灯静静矗立在大树旁，与庭院完美融合。

b. 8 条铁轨和 12 块枕木组成的铁道蜿蜒，形成一个缓缓的弧度。地表生长着蛇莓和百里香，更增加了一分凋敝感。

a

b

c

红色和白色的凤仙花

为空间带来色彩的点缀

c. 埋在铁道边的木箱子里种植着红色和白色的凤仙花。木箱子是模仿滑出轨道的小矿车。

Approach 铁道

后院一角铺设着由铁轨和枕木组成的铁道，深处种着稍有高度的连香树，近处则是低矮茂密的加勒比飞蓬。在高低不同的植物和阴影的作用下，使这里充满了纵深感。

Forest
Garden

Bench
长椅

在法国南部风格的庭院里享受悠闲的花园时光

——宫本里美

利用花园家具享受身心放松的时刻

宫本里美在香川县高松市经营着一家名为“GARDENS（花园）”的店铺，这家店既可负责园艺装修施工，同时也销售植物、园艺物品等。宫本里美的庭院以“享受悠闲时光的放松场所”为主题，被高高的白墙包围着，很有私密感。坐在朴树绿荫下的长椅上，仰望天空，白墙与蓝天相互映衬，让人的心情也轻快起来。

“有一年世界杯比赛期间，我正好在法国南部的普罗旺斯地区旅行。大家把电视机搬到院子里，一起看足球，吃东西，庭院与自然和生活完全融为了一体。”

宫本里美将她在海外旅行时获得的灵感投入到了庭院的设计上，为了提高舒适度，她还花了不少心思。例如，摆放一些宽敞的家具，让人愿意长时间在此停留；在树荫下设置木制长椅，打造读书区域；在庭院中央摆放一张六人桌，可以多人饮茶或进餐。

法国南部的美好回忆，加上宫本里美的个人品位，便打造出了这个与日常生活完美相融的庭院。

Bench 长椅

白色墙壁前的长椅，设计非常简单，但颇有存在感。木头材质给人以温暖，与周围的树木搭配在一起，营造出的画面充满自然感。旁边再摆放上白色的鸟饮水盆和烟囱，使整体风格柔和起来。

点缀古旧杂货
让白色的空间更加整洁

a. 友人馈赠的铁制礼物盒子，装饰上蝴蝶结，减轻视觉上的厚重感。

b. 白色烟囱产自英国，用来当作放置花瓶的台座。烟囱旁的花盆里，皇冠形状的装饰物非常夺目。

在鸟饮水盆里放上几朵花期已过的月季

c. 宫本女士非常喜欢月季，她将花期已过的月季放在鸟饮水盆里，让其漂浮在水面上，可以尽情欣赏月季的美，直至其完全凋零。

用零星的树雕点缀庭院
让其更富有变化感

d. 宫本女士非常擅长制作小型树雕。为了完成一件完美的树雕作品，她甚至曾耗时十年。

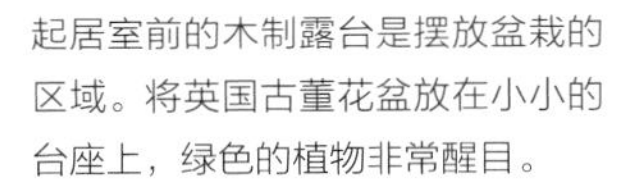

起居室前的木制露台是摆放盆栽的区域。将英国古董花盆放在小小的台座上，绿色的植物非常醒目。

Chapter 4

Wall
壁面

热衷于培育植物
索性将一面墙都变为园艺种植区

——新井真理子

诞生于狭小的空间里 墙壁上的装饰花园

四年前，新井真理子建造起了自己的家，也以此为契机正式开始了其园艺种植生涯。据她介绍，在她过去的居所附近，曾有一个非常漂亮的庭院，也就是从那时起，她开始对园艺产生了兴趣。

为了在不大的空间里尽情享受植物的乐趣，新井女士首先拆掉了房子的部分外墙，然后制作了一个小型藤蔓架。当然，这些工作都是新井女士与丈夫两个人亲自动手，共同完成的。这样一来，在这个兼具停车场功用的小庭院里，便诞生了一个装饰有混栽植物和小杂货的墙壁花园，庭院的氛围也变得明快起来。

庭院以褐色为主色调，不停车的时候，这里便是最吸引来往行人目光的前花园。充满生活感的立式水龙头、水管收纳设计，红砖堆积而成的小屋更是饶有趣味，她亲手将小花盆与杂货组合在一起，制作成创意小物挂在墙上……在这面墙上，满满都是新井女士各种灵活可爱的小创意。

a

将抽屉改装为置物架
装饰上小花盆和杂货

a. 将带有许多小格子的旧抽屉改装为置物架，上面装饰着各种小杂货，如混栽多肉植物的花盆、印有字母的积木块等。

b

在墙壁周围点缀绿色
与环境完美融合

b. 让绿色的薜荔攀爬生长在墙壁上方，为藤蔓架增添一丝生机。

c. 修建的墙壁花园上也有薜荔缠绕，与花坛里的枕木形成呼应。

c

Wall 壁面

覆盖墙面的壁板被刷成了褐色，中间部分是专门放置花瓶架子的区域，同时被爬藤植物缠绕，也是一个迷你藤蔓架。为了让背景建筑物与庭院呼应起来，在脚边的花坛周围也种上了一些爬藤植物。

d

e

将充满生活感的小物
DIY 打造得更加美观

d. 水管收纳设计是庭院里不可或缺的元素。充满设计感的铁钩安装在朴素的枕木上，可以将浇水的水管收纳在上面。

e. 红砖堆砌制作而成的立式水龙头是夫妻二人首次一同 DIY 完成的。两人虽然只是一起参加了一天的 DIY 课程，但制作出来的作品完成度非常高。

打造迷人角落

适合不同场景的小物

从小小的角落着手，看起来工程量浩大的庭院设计也会变得轻松简单。
本章将综合多个庭院设计，为您介绍一些搭配不同场景的绝佳小物。

Approach

花园小路

除地面材料和路边杂草外，
在小路上放置一些装饰物和小建筑物，
也能很好地引导人们的视线。

1

2

3

4

1. 一条小路延伸在母菊花田之中。砖头堆砌的台阶，金属壁板的墙壁，白色的大门，构成了一幅简单质朴的画面。
2. 枕木铺成的小路通往色彩明快而自然的涂装墙壁，落叶树下种满了玉簪和大吴风草，宛如森林小径一般。
3. 仅有一块砖宽的小路，两侧是茂密蓬勃的小花，一旁的铁皮喷壶和置物容器引人注目，引导着人们的视线。
4. 通往后门栅栏门的小路，右侧摆放着种有常春藤和落叶树的花器，高低不同，给人以视觉上的享受。

Window
窗边

窗户也是建筑物的装饰，是非常关键的元素。利用杂货和植物，可以将窗边装点得令人印象深刻。

5

6

7

8

5. 窗边放置了一个很有味道的收纳架，上面摆满了花盆和鲜切花，下面则是一个铁丝篮和一些园艺杂货。
6. 蔓生蔷薇和亚洲络石垂在窗边，窗下的架子上摆放着古旧的磨豆器，里面随意种植着几株多肉植物，与古典风格的窗框完美融合。
7. 光线柔和的阳光房，窗边细窄的架子上，摆放着藤编篮子和暗色铁皮花盆，里面种植着垂盆植物，颇具自然风。
8. 非常有品位的欧式窗边，仿佛是外国书籍上的一页风景。为了搭配这一风格，窗下又放置了一辆生锈的自行车作为花盆架，构成了一幅壁画，吸引着人们的目光。

Wall

墙 面

挂一些杂货，或是在一旁摆放古旧的建材，
种植一些爬藤植物，
为平整的墙面增添一丝变化。

9

10

11

12

9. 小屋的墙壁随着时间的流逝越发充满韵味。在上面安装生锈的铁钩、古旧的建材，挂上园艺工具和容器。另一侧的旧招牌则为整体增添了色彩。

10. 将旧木盒挂在墙面上，摆放上杂货和白铁皮容器，仿佛画框一般。周围种上薜荔，提升气氛。同时，墙壁的装饰在高度上也很好地与墙面前的旧椅子交错开来，保证了视觉上的平衡感。

11. 围墙上的花盆架子上不规则地挂着花盆，这些随性摆放的花盆与白色砖墙映衬在一起，相得益彰。

12. 涂装的墙壁上立着古典风格的围栏，加拿利常春藤和白色的小花则增添了灵动的感觉。

Furniture
家具

不同材质、不同颜色、不同形状的家具，
可以打造出不同的庭院风格。
就像室内装修一样，用家具尽情地装点庭院吧！

13

14

15

16

13. 置于焦点位置的木质长椅，上面有蓝色条纹靠垫，脚边是套在水桶里的月季花盆，氛围舒适。
14. 流线型的椅子现在变成了花盆架，涂料与椅子上的铁锈色巧妙地搭配在一起，铁丝篮子里的大朵月季“伊夫林（Evelyn）”也成了华丽的装饰。
15. 玄关的门旁也有着独特的风景：老碗柜里挂着白铁皮的量杯、罐子，装饰着种有绿植的花盆等。
16. 带有玻璃门的手工温室，里面摆着各种多肉植物小花盆。顶部随意叠放几个篮子，提升气氛。

Veranda

阳台

利用独具韵味的建材，装饰现有的墙壁和地板，
即可轻松改变阳台风格。
巧妙悬挂物品，也可以有效利用其纵向空间。

17

18

19

20

17. 使用木板和 L 形金属配件 DIY 制作壁板和架子，左右对称地摆放上种有多肉植物的铁皮花盆和杂货，将墙面装点得独具特色。
18. DIY 制作的拱门上挂着鸟盆，里面放着核桃壳作为点缀，一旁小鸟形状的装饰非常夺目。
19. 使用两种地板材料，将阳台打造得充满温暖氛围。两种材料间的缝隙里则加入一些砖石碎片，制造变化感。
20. 种植香草类植物的阳台一角。蓝色百叶门上的架子上放着三个珐琅小桶作为花器，一旁的古旧铁盒则被改装为花盆。巧用杂货，可使室外阳台与室内装潢相互呼应。

室内

在陈列物品的角落里种一些植物，
既增加了灵动感和生命力，也更能凸显陈列的魅力。
应尽量选择色调和形态与杂货风格匹配的植物。

21

22

23

24

21. 植物展示角，中间的桌子是主角。为了配合白色的桌子，周围的花器选用了白色的器皿、具有透明感的玻璃及白铁皮材质，色调也都透露着成熟稳重感。
22. 具有深褐色木纹肌理的架子颇有韵味，上面摆放着形状饱满的陶制器皿，并将晒干的藤类植物缠绕在卷线器上，为静物增添了一分动感。
23. 在具有古旧味道的围栏上挂上干花和风格做旧的招牌，用来装饰白色的墙面。
24. 在药瓶中放入千日红等干花，为以白色为主的角落增添一抹色彩。同时放入一把古董钥匙，让这一场景更加值得回味。

The equation of goods and plants

川本谕的独特庭院布置

提升庭院格调的
杂货 × 植物方程式

在庭院中加入杂货进行装饰，关键是要选择风格适当的植物与之搭配。
川本谕是一名在打造怀旧风格方面受到业界认可的园艺造型师，
本章将由他来介绍其经验与技巧。
下面就一起来学习川本谕的零失败“杂货 × 植物方程式”，
提高我们的庭院设计品位。

Satoshi Kawamoto

园艺造型师 川本 谕

其园艺设计和造型独具风格，广受业界认可，主理园艺商店“GFyard（东京代官山店）”，著有《Aji-Niwa》（FG 武藏出版）一书，深受读者好评与喜爱。

GFyard daikanyama

东京都涉谷区猿乐町 14-13 Mercury Design 1F

他还开设了以观叶植物为主的店铺“BotanialGF”（东京世田谷区二子玉川 RISE SC 内）

http://www.greenfingers.jp/

Lesson 1

方 程 式

在暗色围栏前种植亮色植物

【暗色围栏】

**不同于普通的白色围栏
选择暗色围栏凸显特色**

不再使用风格优雅的白色围栏，而是选用黑色围栏凸显个性。这样的围栏既能凸显庭院风格，还可以衬托花草植物。

×

【亮色植物】

千叶兰“霓虹（Spotlight）”

银姬小蜡

野芝麻

娇娘花

庭荠

斑纹叶子搭配具有透明感的白色花朵

带有白色、淡绿色、粉色等斑纹的细小叶子可以为围栏增添色彩，白色的花朵与黑色的围栏更可以形成鲜明的对比。

Lesson 1

Fence 围栏

用围栏遮挡略显孤单的植株
同时装点上色彩明亮的混栽植物

树木植株晒不到太阳，显得非常孤单。在一旁竖起围栏，给人焕然一新的感觉。一般庭院里最为常见的是白色围栏，但这里却特意使用了风格成熟的黑色围栏。可能很多人会问："使用黑色围栏不会显得更加黯淡吗？" 其实只要选择一些种有斑纹叶子和白色小花的盆栽植物，整体上就会显得灵动而又活泼。花盆底部可以用白布、泥炭藓等具有质感的材料进行覆盖。

成熟风格的围栏上，
装饰着盆栽绿叶植物，
仿佛胸针一般

Chair & Pot

椅子＆花盆

一把椅子，
可以为普通的墙面增色，
还可以再装点几个做旧的花盆

暗色的墙壁前摆放黄色的椅子和充满个性的植物盆栽非常引人注目

椅子是庭院的装饰，有时也可以当作凸显植物与杂货的道具。在暗色墙壁前摆放一把明亮的黄色椅子，给人一种黑暗中聚光灯突然亮起的感觉。椅子上摆放着奇形怪状的小植物，中和了黄色的甜美感。多种颜色的花盆，经过做旧加工后，独具韵味的金属质感也平衡了色彩上的反差。

Lesson 2 方程式

带有古旧韵味的杂货与个性植物的新鲜组合

【值得玩味的椅子和花盆】

亮色调的杂货
因为生锈或是做旧加工显得更有味道

椅子上的铁锈很好地中和了明亮的黄色和雅致又略微粗犷的植物。做旧加工后的花盆则增添了一分复古感。

×

【奇形怪状的小植物】

唐印

八千代

空气凤梨

大王秋海棠

在小小的花盆里
种上像恐龙一样的植物

颜色自由，形状粗犷，这些植物像恐龙一样奇特。它们在小小的花盆里茂盛生长，仿佛要溢出一般。

Box & Pot

盒子 & 花盆

摆放盆栽植物时，
加入一些盒子，
可以增添一分动感

盆栽角落摆放得很立体
为空间带来变化感

将大大小小的盆栽摆放开来，进行展示，即使空间狭小也可尝试。通过与多个架子相互组合，营造出高低差，再放一些小盒子，围出展示区域。虽然盒子与花盆的材质、大小并不相同，但起到了框架的作用，框住了整个角落。虽然也可以选择自然风的木盒，但铁丝盒子带镂空网眼，可以更好地与周围的花坛融为一体。

Lesson 3 方程式

在质感冰冷的杂货旁装点色彩可爱的小花

【破旧风的盒子 & 花盆】

钢铁、白铁皮材质
可使花草看起来更加鲜艳

钢铁、白铁皮材质给人以冰冷的印象，可以用来衬托植物的水润生机。虽然经过多年使用略有变形，还带有铁锈，但这些显得更加富有韵味，也使一旁可爱的植物看起来更加富有野趣。

×

【装饰花朵】

一串红

紫罗兰

三色堇

宿根补血草

秘诀在于为茂密的叶子
增添一抹跃动的色彩

像苔草、海草一样蓬蓬的丝苇，红色叶子的马缨丹等，在这些形状奇特的植物间，点缀上可爱的小花，低调而华丽。

形状可爱、小巧却充满生命力
——感受多肉植物的魅力

多肉植物由厚叶组成，繁殖方式惊人，
形状充满个性，是一种非常特别的植物。
本章将为您介绍如何利用可爱的多肉植物装点庭院及其适用场景。

用竹帘和木板将不太美观的水泥部分遮盖住，营造充满自然风的空间。有效利用高处空间悬挂植物，提升空间饱满度。

用铝丝制作小手工与多肉植物相搭配

I 女士

角落处虽然晒不到太阳，但种植一些纤细的龙须菜、带有斑纹的薜荔、银绿色调的马蹄金，使角落色彩也丰富起来。

I 女士住在公寓里，热衷于打理种满多肉植物的小阳台。4 年前，朋友送来一盆花叶绿萝，以此为契机，她开始喜欢上种植植物，之后更是被多肉植物独特的形状所吸引。I 女士房间的阳台朝阳，因为是顶层，所以没有遮挡，于是她选择种植耐热、好成活的多肉植物，而且越种越多。现在，I 女士的小阳台上摆满了品种繁多、叶形独特的多肉植物，也为阳台增添了一抹色彩。

I 女士从小就擅长手工，无论什么都坚持亲手制作。阳台上的装饰品基本都是 I 女士的作品。自从她发现生锈的铁制品与多肉植物非常搭，I 女士就一直埋头制作，磨炼技术。完美的手作装饰，锈迹斑斑的铁制品，与饱满的多肉植物组合在一起，营造出和谐稳重的阳台空间。

白铁皮铁锨，略有褪色、颇具韵味的花盆遮罩均为I女士亲手制作的作品。做旧风格的彩色杂货更能凸显多肉植物的水润清新。

巧用多肉植物特性进行陈列 打造不一样的世界观

将鸡蛋壳当作容器，种上翡翠珠与景天等多肉植物。旁边装饰着自然风篮子容器和小鸟饰品，仿佛是一个小鸟巢。

1 | 2

1. 将尚为弱小的多肉植物种在底部没有孔的小型厨房器具里，非常美观。再摆放一些蜡烛、花砖和核桃，显得更加可爱。
2. 将木箱叠放，当作架子，上面装饰着花盆和花苗。这样的高度不仅是一种装饰，也能确保植物接受日照的时间。

在壁板上装饰花盆和铁制杂货，看起来好不热闹。耐热的常绿爬藤植物和常春藤等更增添了一份生机。

I女士传授的制作方法

用铝丝制作的小手工，与多肉植物非常相配，制作简单！

Petit Craft

制作简单的铝丝工艺品，虽然做得歪歪扭扭，但却独具个性！根据实际用途也可以制作成不同的形状。

| 工具　钳子 |

Pot cover 花盆遮罩

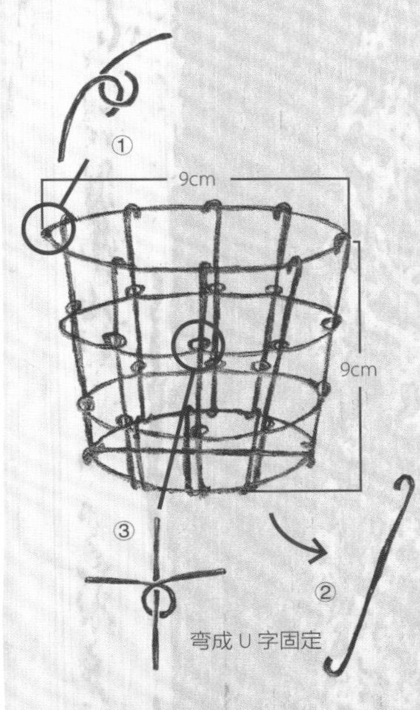

材料

- 铝丝（直径均为0.45mm）
  用于制作边口的铝丝（长34cm）×1
  用于制作底部的铝丝（长27cm）×1、（长10cm）×4
  用于制作侧面的铝丝（A竖向：10cm）×8、（B横向：40cm）×2
- 从铝制空罐上剪下的配件（10cm×6cm）…1片
  ※ 四角均用大头针打孔
- 醋水或盐水…适量
- 铝罐拼贴画所需的物品

制作方法

①制作边口和底部的圆形框架（底部为网状）。
②用铝丝A（8根）将边口与底部连接起来。
③用铝丝B（2根）在每根铝丝A上缠绕。
④安装铝罐片，然后使用醋水和盐水为其上锈。
⑤根据个人喜好，在铝罐片上装饰拼贴画。

Trivet 金属架

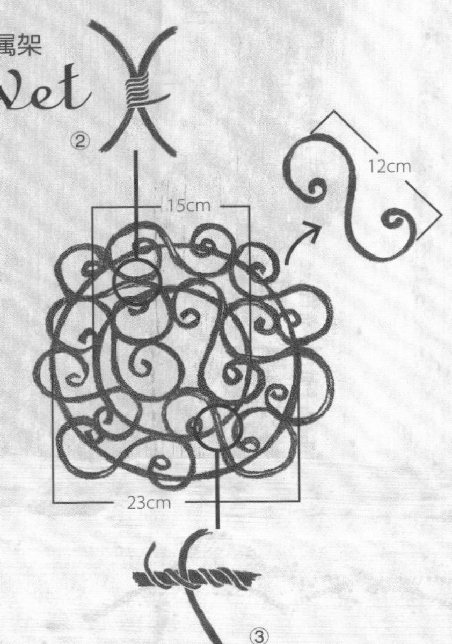

材料

- 铝丝
  直径4mm用于制作底座圆形部分的铝丝（长75cm）×1、（长50cm）×1
  直径4mm用于制作底座S形部分的铝丝（长35cm）×9
  用于连接S形部分的铝丝，直径0.9mm、0.45mm均可
- 丙烯酸涂料

制作方法

①制作底座的圆形（大小各1个）和S形（9个）部分。
②用铝丝（0.9mm）将S形部分连接起来，形成圆形。
③用铝丝（0.45mm）将②安装在底座的圆形部分上。
④用丙烯酸涂料将整体涂刷2次。

多肉植物的变化

在箱子里簇拥着小小的多肉植物花盆

在浅色木箱里摆满小小的多肉植物。形色各异的多肉植物们整齐地排列在一起，非常可爱。

仿佛是自然的地毯一般
让地面变得毛茸茸

利用繁殖能力旺盛的景天属多肉植物作为地被植物种在地面，像地毯一样生长开来，也使得庭院氛围得到提升。

量感自由自在

多肉植物既能够保持小巧的形状，同时还具有旺盛的繁殖能力，生长得十分饱满……它们不仅可爱，有时还有着野趣的一面。

多肉植物不仅形状充满个性，生长方式也与众不同。从植株伸展开来，到开花，叶子变红，多肉植物一年四季的姿态都有着独特的变化。本节便为您介绍如何利用多肉植物的魅力，打造丰富的庭院场景。

花从花盆中探出头来
形态各异的多肉植物

造型特别的壶形花盆有多个种植口，里面种植了石莲花“七福神”等多肉植物，形状仿佛玫瑰花，非常可爱。

巧妙利用杂乱的花草
打造印象独特的种植容器

翡翠珠和白桦树枝生长得溢出了种植箱，充满野趣，奇形怪状的组合更加吸引人。

多肉与杂货的组合

多肉植物小巧而又方便处理，常被用于装点庭院一角。它们自然的色彩，与杂货的古旧韵味也非常搭。

在厨房旧物里种上满满的迷你多肉

在古旧的压榨机（柠檬榨汁器）中种上多个品种的小植株景天属植物，然后用铁丝挂起来。

将旧罐头改造为花盆遮罩 摆放在篮子里显得颇为热闹

左起分别为紫弦月、千兔耳和月美人。旧罐头上洋气的包装也是一种装饰。

形状独特的花盆和花盆遮罩 给人以新鲜感

将纸质的鸡蛋盒子用作扦插花芽的容器，水壶也成了花盆。新鲜的组合方式也将周围装点得更加有趣。

用麻布凸显厚叶子的水润感

将麻布口袋用作花盆，种上多肉植物。生锈的旧邮箱衬托出了厚叶片的水润。

为沧桑古老的旧物 增添一分生机

旧杂货散发着饱经时光打磨的沧桑感，木箱上垂下的景天属多肉则为其带来了一丝活力。

越生长越有野趣

多肉植物繁殖能力旺盛，生长和繁殖的方式也很独特，能让人感受到强大的生命力，既充满跃动感，又奔放自由。

茂盛生长的多肉植物
仿佛要溢出花盆一般

罐状花盆里种植着茂密的“姬星美人”，枝叶垂下，像是要溢出花盆，叶子颜色的渐变也很美丽。

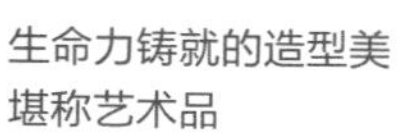

生命力铸就的造型美
堪称艺术品

弯弯曲曲的“黑法师”，与五颜六色的多肉植物融为一体，仿佛一件艺术品。

非常有特点的品种
单株也可以培育得郁郁葱葱

将爆盆的长生草属多肉放在枕木上，茂密饱满，令人瞩目。

跃动感满满的花盆
像是立刻就会舞动起来

叶子带有些许蓝色的“胧月”茂盛地蔓延到花盆之外，小小的角落里也能感受到植物强大的生命力。

清冷的天气
配上复古的豆沙色

A. 以火柴盒子为容器进行混栽。下半段种植的“火祭”色彩鲜艳，与黄色铁皮形成鲜明对比。

B. 将分株的“恋心”与杂货装饰在一起，叶片略带银色，叶尖处却为红色，非常可爱。

A | B

期间限定？！开花 & 红叶

开花季节，多肉植物也会绽放为数不多的可爱小花，别有一番趣味。而红叶季节，较厚的叶片呈现出带有透明感的色彩，更是独具风情。

C | D

纤嫩梦幻的小花
带来丝丝柔情

C. 蔓延生长的青锁龙属多肉，粉色的枝头开出了小花，为黄、红、绿的鲜艳色彩中增添了一分柔美。

D. 颜色雅致的墙面衬托着“胧月”星形的小花，令人印象深刻。

适合与多肉植物装饰在一起的杂货和容器

形状独特的多肉植物，常被用于装饰庭院和房间。本节为您介绍几款适合与多肉植物搭配在一起的杂货和容器。

肥皂盒

¥997 日元　考文特花园（COVENT GARDEN）

白色铁制肥皂盒，经过做旧加工，上面点缀着一些红褐色的锈迹，更能凸显多肉植物的韵味。

（W145mm × D110mm × H85mm）

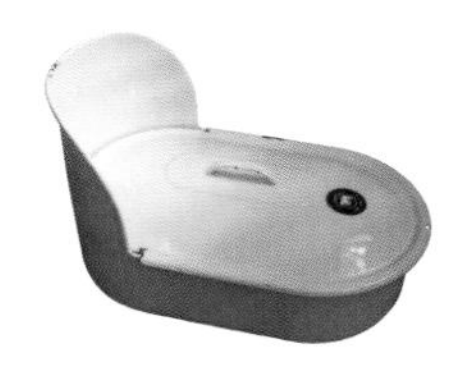

珐琅便盆

¥2,000 日元　koyumeya

珐琅儿童便盆，底部开孔后可以改造为一个可爱的花盆，混栽很多植株较矮的多肉植物。

（W200mm × D300mm × H200mm）

贝壳容器

¥735 日元　麦芽（malto）

贝壳形状的陶制容器，可与多肉植物搭配，摆放在复古法式风情的环境下作为装饰。

（W150mm × D142mm × H80mm）

过滤筛

¥3,675 日元　色彩（Colors）

方便使用的老式过滤筛，底部是网眼结构，可以直接种植多肉。

（W170mm × D142mm）

玲珑小巧的容器

将小巧的杂货作为容器，不同的颜色、质感和形状，可以将多肉植物衬托出不同的风格。

贺茂窑花盆

¥6,090 日元　一生（Lifetime）

想要放在日常生活中的一只花盆，光润的釉令饱满的多肉略显淡然。

（花盆 ϕ130mm × H130mm）

鸡蛋架

¥2,520 日元　考文特花园（COVENT GARDEN）

鸡蛋架的尺寸非常适合多肉植物，将其改为种植容器，有规律地点缀上多肉植物，造型非常美观。

（ϕ160mm × H280mm）

铁板烧模具

¥5,000 日元　koyumeya

家用铁板烧模具，可以在凹槽里摆上多肉，也可将铁板立着挂起，当作装饰。

（W150mm × D120mm × H110mm）

VOJU 迷你苔藓花盆

¥735 日元　VOJU

带有苔藓的花盆，亚光质地并不华丽，其朴素的风格能凸显水灵灵的多肉。

（花盆 ϕ80mm × H65mm）

儿童鞋模

¥3,990 日元　阳台风格（balconystle*）
塑料质地的旧鞋模。儿童鞋子的大小、色调与多肉植物非常相衬。
（W125mm × D85mm × H100mm）

毛驴冰箱贴

¥472 日元　麦芽（malto）
毛色可爱的毛驴冰箱贴，可以作为装饰贴在铁制家具及铁皮花盆上。
（W67mm × D70mm）

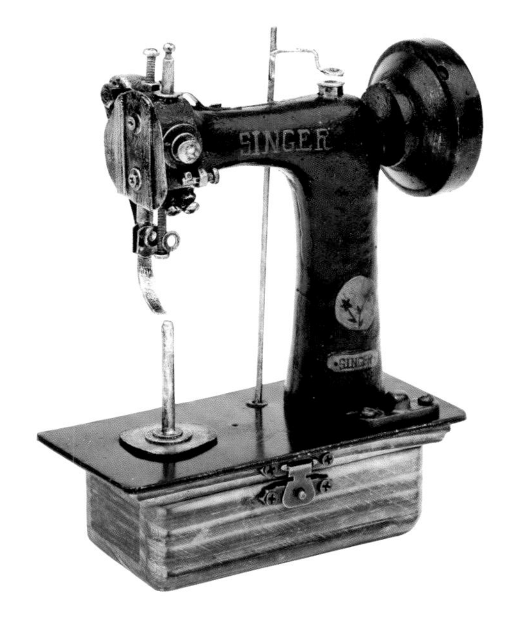

儿童缝纫机

¥2,890 日元　麦芽（malto）
微型缝纫机摆件，设计复古，也将多肉植物衬托得小巧可爱。
（W130mm × D60mm × H170mm）

摆放一些动物主题的古旧小物，可以为整个环境增添故事性。

蔬菜种子袋

各 ¥315 日元　阳台风格（balconystyle*）
蔬菜种子的包装袋，褪色的古旧包装纸和细致的插画营造出了柔和的氛围。
（W85mm × H130mm）

老式皮革顶针

各 ¥1,575 日元　老式的 10（demode10）
将几个西式顶针固定在一起，便做成了一个摆件。古旧的皮革材质，沧桑而有美感，还可以挂起来当作装饰。
（ϕ60mm × H10mm）

农具温度计

¥1,050 日元　阳台风格（balconystyle*）
模仿农具造型的温度计，深棕色的铁质给人以厚重感。
（W65mm × D13mm × H205mm）

鸡蛋篮子

¥1,050 日元　麦芽（malto）
柳条编制的自然风鸟窝，散发着田园牧歌般的幽静感，里面还有三个鸡蛋。
（ϕ200mm × H120mm）

皇冠架子

¥2,890 日元　麦芽（malto）
皇冠造型的吊挂式花盆架，亚光质地更显古旧感，可在上面种植垂枝多肉。
（ϕ270mm × H350mm）

* 刊载商品均为孤品或库存稀少，请悉知，详情请咨询各店铺。

按种类认识 多肉植物

多肉植物形状和颜色都颇具个性，同时还可以欣赏其红叶和开花的样子。多肉植物耐干燥，生命力旺盛，养护起来非常容易，与杂货摆放装饰在一起，可以有很多种搭配。

向上生长的类型

这类多肉植物向上生长，会越长越高，可以与植株高度较低的品种组合在一起，也可以巧妙利用其独特的形状，在花盆中单独种植。

虹之玉
景天科景天属
长有很多形状圆润的小叶片，春秋季节时叶子会发红，夏季时则为绿色。春天还会长出花茎，开出黄色花朵。

群月冠
景天科石莲花属
淡绿色的叶片上覆着一层白粉，仿佛磨砂玻璃一般。小小的叶片紧密地重叠在一起，努力向上生长。叶子一头略尖，略带红色。

Upward

下垂生长的类型

这类多肉植物叶茎下垂生长，适合放在高处，或是让其茂密的枝叶遮住花盆，同时也有部分品种适合用作运动场草皮。

黄花新月
菊科厚敦菊属
一头尖尖的细长叶片，茎上略带紫色。秋天，花茎一端会开出小黄花，叶子也变为紫色，继而变为红色。别名紫玄月，适合盆栽。

新玉缀
景天科景天属
小小的叶片上覆着一层白粉，枝条向四周横向生长，慢慢垂下。秋天，有时会开出奶油色的花朵，适合盆栽。

Downward

向周围生长的类型

这类多肉植物长不高，植株会向周围生长开来，样子都非常可爱。可将一些叶片颜色不同的品种混栽在一起。

高砂之翁
景天科石莲花属
叶片大，边缘带有褶皱，秋天时绿色的叶片会泛红，初夏则会长出花茎，开粉色花朵。抗寒能力略差。

胧月
景天科风车莲属
粉色的叶片上覆着一层白粉，十分美丽。早春时节，“胧月”会开出淡橘色的花朵。它的繁殖方式是从根部长出新的植株，极其耐寒，很好成活。

Spreading

锦晃星
景天科石莲花属
叶片上长有白毛，尖端略带红色，容易焦枯，夏季应注意避免阳光直射。春季时会开出橙色花朵。

千兔耳
景天科伽蓝菜属
叶片上有一层白色茸毛，如天鹅绒一般。叶片为细锯齿边，形状独特。夏季时会开出粉色花朵。

黑法师
景天科莲花掌属
叶片带有光泽，像花瓣一样绽放开来，多晒太阳有助于养护其美丽的黑色叶片。但“黑法师”不耐高温高湿，因此夏季应将其转移至阴凉处。

若歌诗
景天科青锁龙属
淡绿色的叶子，较厚，叶片略圆，非常可爱。叶片表面生有薄薄茸毛。叶子变红时，叶茎也会发红。

反曲景天
景天科景天属
叶片细小，上面覆着一层白粉，略带蓝色，十分美丽。夏季时会开出星星形状的黄色花朵，秋季叶子会变成紫色。

花叶圆叶景天
景天科景天属
淡绿色的叶子，叶片略圆，重叠生长的叶片边缘带有白色斑纹，色彩上给人感觉非常清凉。秋季时，叶子会变为青铜色，如图片所示，非常美丽。

圆叶景天
景天科景天属
柠檬色和绿色的小叶子聚集成伞形。夏季时会开出黄色花朵，很好成活。

疏花佛甲草
景天科景天属
密密地长满小叶子，枝条向四周蔓延伸展。夏季时枝头会开出许多黄色花朵，秋季时叶子会变红。

仙女杯
景天科仙女杯属
淡绿色的叶片，一端略尖，像花瓣一样。细长的叶片上覆着一层白粉，会开出淡黄色的花朵。

姬玉露
阿福花科十二卷属
叶片一端饱满，像晶状体一样通透，有白色斑纹。耐高温、耐寒，但不能被阳光直射，应在半阴凉处进行养护。

青铜公主
景天科风车莲属
叶片带有光泽，呈青铜色，全年都可观赏。秋季时叶片颜色会加深，春季时会开出淡黄色花朵。

苹果火祭
景天科青锁龙属
红色的叶子让人不禁联想到苹果。秋季时叶片颜色变得暗淡，叶茎一头会开出白色花朵。

关键是做旧加工！

古城（THE OLD TOWN）伊波老师亲授

熟龄风庭院的 DIY 教程

原创家具、什物品牌“古城（THE OLD TOWN）”主理人伊波英吉
利用建材中心的简单材料即可制作庭院家具。
下面为您介绍5种做旧加工方法，都非常适合雅致的庭院。

The decisive factor is "Aging finish"!

“伊波老师，什么是做旧加工？”

“做旧加工，就是使用锉刀或是油漆喷涂，使物体呈现出久经时间的感觉。”

所谓做旧加工，就是自己动手让木材和金属物品产生久经时间的感觉。崭新的建材，在经过做旧加工后，也能神奇地立刻与整个庭院完美融合。本节我们针对 3 种材料，介绍了 5 种做旧加工方法。关于涂漆的技巧很多，不过涂得越粗糙越有味道，所以即便是新手也不必担心。不过我这些终归是“加工”，希望大家在实际使用中，让物品久经时间，拥有真正的古旧感。

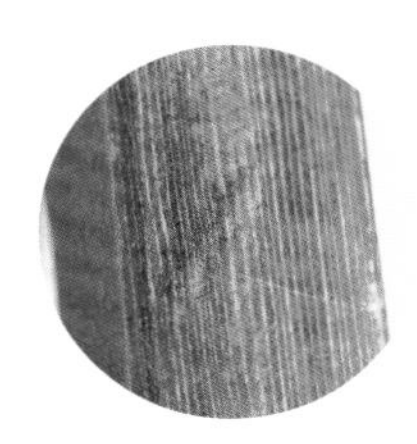

Technique  A …[详情请见 P101]

旧木材风加工

将木材加工为焦糖色，上面再染上一些颜色，类似污垢和黑点。

Technique  B …[详情请见 P103]

涂漆制造生锈感

涂漆，让铁制零件表面仿佛生锈一般。

Technique  C …[详情请见 P103]

裂纹加工

在涂漆表面制造裂纹，露出下面的木材肌理。

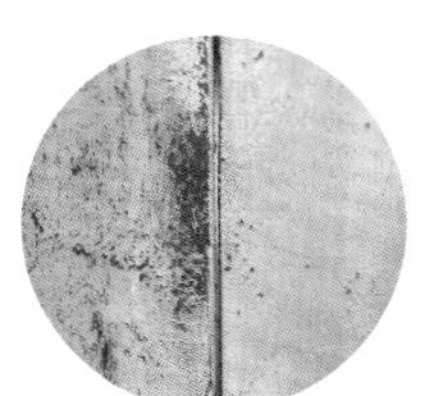

Technique  D …[详情请见 P105]

制造接缝

制造出木材自然伸缩导致的缝隙。

Technique  E …[详情请见 P105]

多层色调重叠渐进

重叠使用多种颜色的涂料，形成各种颜色的条纹，营造出一种久经时间后涂料有些许褪色的感觉。

讲授人

伊波英吉

“古城（THE OLD TOWN）”主理人，曾任职于园艺店“七荣GREEN”，之后独立开店，专门出售做旧加工的什器、花盆、混栽植物，此外还从事有关门墙外观的设计。曾著有《用废铁做家装》（GRAPHIC 出版社）。

THE OLD TOWN 古城
千叶县印幡郡酒酒井町本佐仓 413
TEL/043-497-0666
营业时间 /11:00~18:00
休息日 / 星期一
http://www.yoseue.com/oldtown.html

以上使用材料均来自“Joyful 本田 Garden Center”（P061）。店内有专门工作室，也可对木材进行切割（收费）。

既可以用作梯子，也可以用作折梯，便于打造不同高度的场景！

折梯打开后也可作为斜搭梯子使用。三层折梯的用途很多，如悬挂起来，或是搭在木板上用作棚架。在折梯表面涂上焦糖色，打磨做旧，再模仿仓库编号，在上面写上简单的文字。

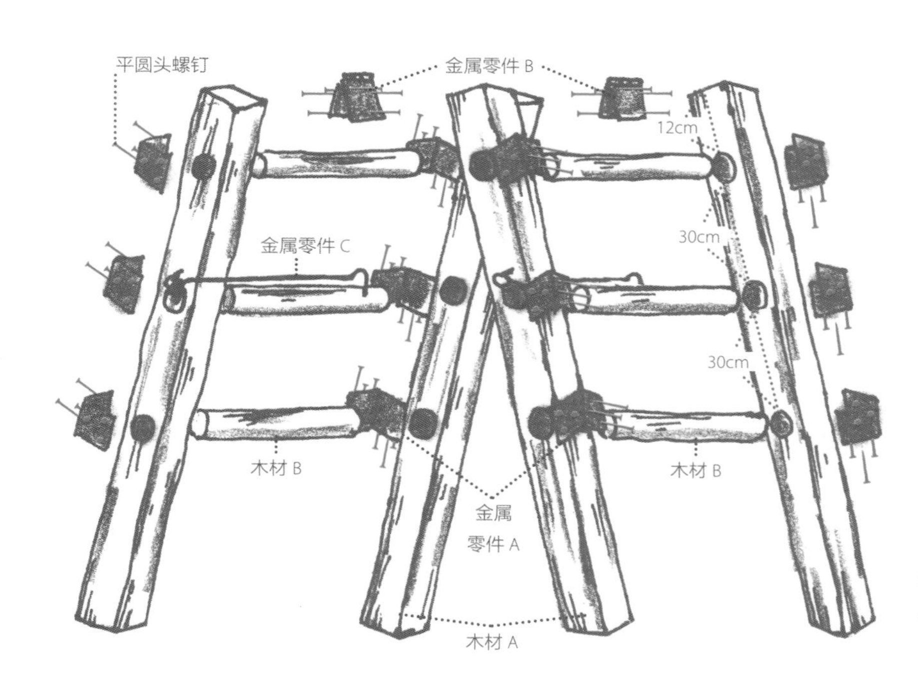

材料

- 木材 A：四棱木材（W4.5cm × H4.5cm × L99cm）…4 根
- 木材 B：圆棍（ϕ 2.4cm × L30cm）…6 根
- 金属零件 A：L 形角铁（W4cm × H3cm）…12 个
- 金属零件 B：合页（W4cm × L8cm）…2 个
- 金属零件 C：挂钩（L30cm）…2 个
- 平圆头螺钉（ϕ 0.4cm × L1.2cm）…84 根
- 水性涂料（黑）…适量
- 根据个人喜好选择漏字板
- 胶带…适量

工具

- 电钻（①十字钻头、② ϕ 24mm 钻头）
- 毛刷
- 锤子
- 容器

做旧加工 A 材料・工具

…[详情请见 P101]

How to make 制作方法

制作尺寸
W75.5cm × D35cm × H94.5cm
（如果是制作直梯，则高度为 198cm）

涂抹涂料时，应先将黑色水性涂料倒入容器内，然后用毛刷蘸取，涂抹金属零件。之后参考示意图，在木材 A 上留出之后安装木材 B 的位置，做好记号，然后使用电钻②钻头打孔。之后将木材 A 与 B 安装在一起，嵌入木片，用锤子敲打夯实。使用①十字钻头，安装金属零件 A 和 B，将金属零件 C 调整至合适位置，用手安装即完成。

木材 A 上的装饰文字。用胶带将漏字板固定，注意不要压在金属零件上，用毛刷蘸取水性涂料，轻戳涂抹。

A 做旧加工 Technique

涂上焦糖色的折梯，上面点缀着黑色污渍，与庭院完美相融

旧木材风加工

使用两种颜色的水性着色剂为木材涂色，并使用木炭制造污渍。可有意识地选择折梯手扶处或是搬运梯子时经常碰到的地方进行涂抹。

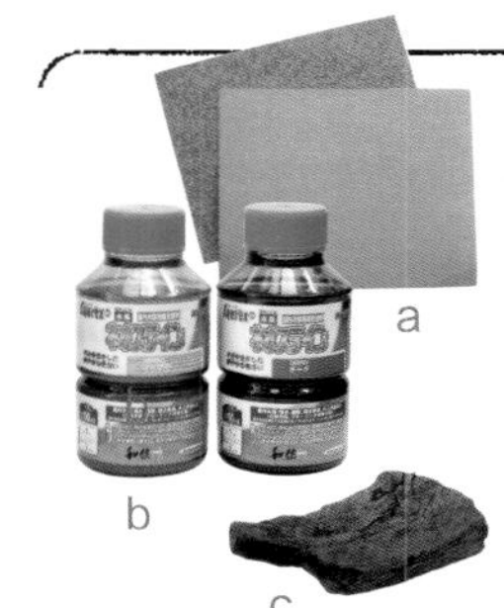

做旧加工A 材料·工具

a. 砂纸A（40号）、B（180号）
b. 水性着色剂A（焦糖色）、B（柚木色）（这里使用的是Aqurex公司的新型着色剂neo-stain）
c. 木炭（使用露营木炭即可）

- 毛刷
- 抹布 •容器

01. 打磨木材表面

先后使用砂纸A和B，打磨木材表面，并将打磨出的粉末清理干净。

02. 涂抹水性着色剂

使用毛刷，涂抹水性着色剂A，制造斑纹效果时可露出外面的底色。

03. 使用木炭擦拭木材表面

待着色剂A干透，使用木炭擦拭木材表面，制造黑斑和污渍效果。特别注意擦拭木材上部、下部和侧面，制造古旧的感觉。

04. 涂抹水性着色剂B

从上部开始涂抹水性着色剂B，略干的时候使用抹布擦拭，反复重复几次。

05. 制造伤痕，完工

使用砂纸A在木材表面制造伤痕，然后涂抹水性着色剂B，略干时用抹布擦拭。重复两三遍后，再使用砂纸B打磨所有木材，即可完工。

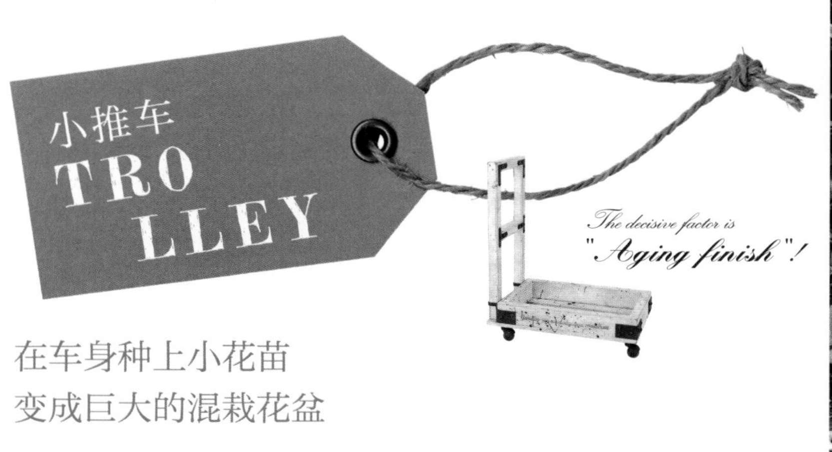

在车身种上小花苗
变成巨大的混栽花盆

车身为深 10cm 的盒子、带有可拆卸把手的小推车。可以在车身盒子里混栽花苗，因为底部带有缝隙，所以直接浇水也没有关系。小推车下部有车轮，便于用来运输移栽的花苗。做旧加工的金属零件是最大亮点。

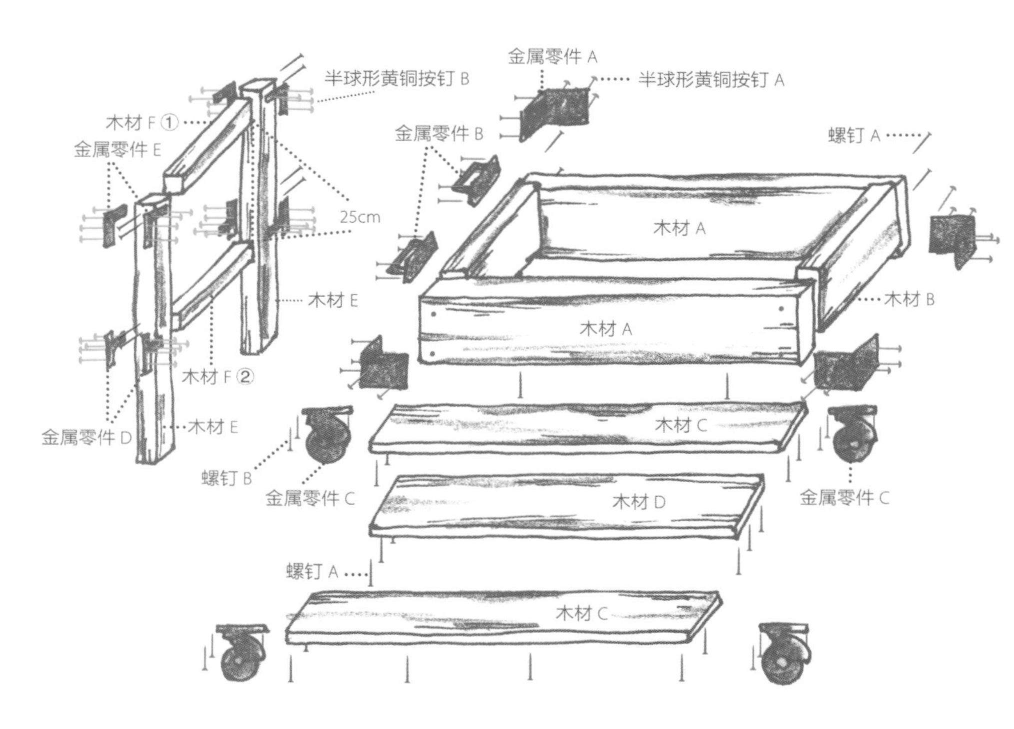

做旧加工 B C 材料 · 工具

…[详情请见 P103]

材料

- 木材 A：木材（W4cm × H2cm × L60cm）…2 根
- 木材 B：木材（W4cm × H2cm × L30cm）…2 根
- 木材 C：木材（W4cm × H1cm × L65cm）…2 根
- 木材 D：木材（W6cm × H1cm × L60cm）…1 根
- 木材 E：四棱木材（W4.5cm × H4.5cm × L70cm）…2 根
- 木材 F：四棱木材（W4.5cm × H4.5cm × L23.6cm）…2 根
- 金属零件 A：L 形角铁（W9cm × H6cm）…4 个
- 金属零件 B：合页（W9cm × D5cm × H2.5cm）…2 个
- 金属零件 C：车轮（ϕ5cm）…4 个
- 金属零件 D：T 字形金属零件（W9cm × H9cm）…4 个
- 金属零件 E：L 字形金属零件（W9cm × H9cm）…4 个
- 螺钉 A（ϕ0.38cm × L6.5cm）…34 根
- 螺钉 B（ϕ0.38cm × L3.5cm）…30 根
- 半球形黄铜钉 A（ϕ1.3cm）…36 根
- 半球形黄铜钉 B（ϕ1.6cm）…18 根
- 水性涂料（黑、红）…适量
- 油性着色剂（柚木色）…适量
- 砂纸（40 号）
- 胶带…适量

工具

- 电钻（十字钻头） • 毛刷
- 锤子 • 抹布（布） • 容器 • 防水水性笔

How to make 制作方法

制作尺寸

W65.5cm × D37.5cm × H78.5cm

参考示意图，车体按木材 A → B → C → D 的顺序，把手按照木材 E+F ① → F ②的顺序，用钉 A 安装。然后对 C 进行做旧加工，使用复写纸复写文字，再使用水性笔涂开。之后使用砂纸从上向下打磨，全部涂上油性着色剂，用抹布擦拭。如右图所示，滴红色和黑色的水性涂料，最后安装做旧加工的金属零件 B 即可完工。

用毛刷蘸满水性涂料，敲打毛刷手柄，让涂料滴下。但要注意，使用这种方法，涂料干透比较花费时间。

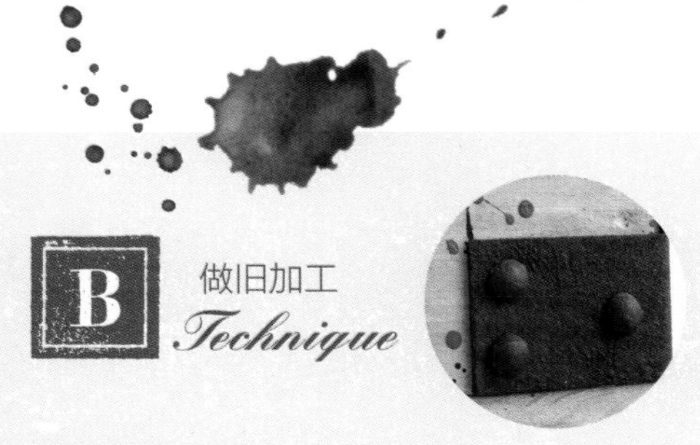

B 做旧加工 *Technique*

用“生锈”的金属配件
衬托乳白色

涂漆制造生锈感

利用石灰涂料和两种颜色的水性涂料表现出金属零件风吹雨淋后形成的铁锈。石灰可以营造表面凹凸不平的效果，但石灰很容易分层，用毛刷蘸取时需要彻底搅拌。

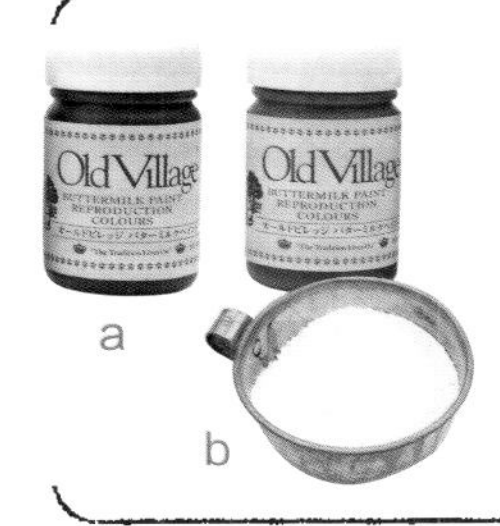

做旧加工 B 材料・工具

a. 水性涂料［这里使用的是老村（Old Village）公司的黄油牛奶涂料 / 英国红（British Red）与黑（Black）色］
b. 石灰（使用园艺用的消石灰即可）

•毛刷　•容器

01.

在底层涂上石灰涂料

按石灰 : 水 =10g:10mL 的比例，加入约 1/10 的黑色水性涂料，做成石灰涂料。为了制造表面凹凸不平的感觉，可使用毛刷竖起轻戳涂抹。

→

02.

涂抹红色和黑色水性涂料

待石灰涂料干透，按红色→黑色的顺序轻戳涂抹。在红色涂料尚未干透时涂抹黑色涂料，制造出斑纹，显得更加逼真。

C 做旧加工 *Technique*

让涂料略微裂开，露出木纹肌理
制作风格复古的小推车

裂纹加工

使用特殊涂料，制作裂纹。为了让风格更加古旧，可使用湿抹布擦拭，并使用40号砂纸打磨掉表层涂料。

做旧加工 C 材料・工具

a. 裂纹涂料（ALL CRACKED UP）
b. 水性涂料［Old Village 公司的黄油牛奶涂料 / 淡黄白色（c.c.Yellowish white）］

•毛刷　•容器

01.

在底层涂上裂纹涂料

使用毛刷整体涂上裂纹涂料，等待其彻底干透。

→

02.

再涂抹一层水性涂料

涂抹白色水性涂料，涂抹的方向也将成为裂纹的方向，因此应当保持同一方向涂抹。此外，涂抹后很快会出现裂纹，因此应当保证涂抹速度尽量快。

使用装饰木材制作的灰蓝色棚架

小棚架也可以用作工作台，使用的是楼梯扶手、墙壁装饰常见的造型材料，设计上具有纵深感。棚板搭在 L 形的金属零件上，可拆卸。而棚架的灰蓝色与绿植也非常搭。

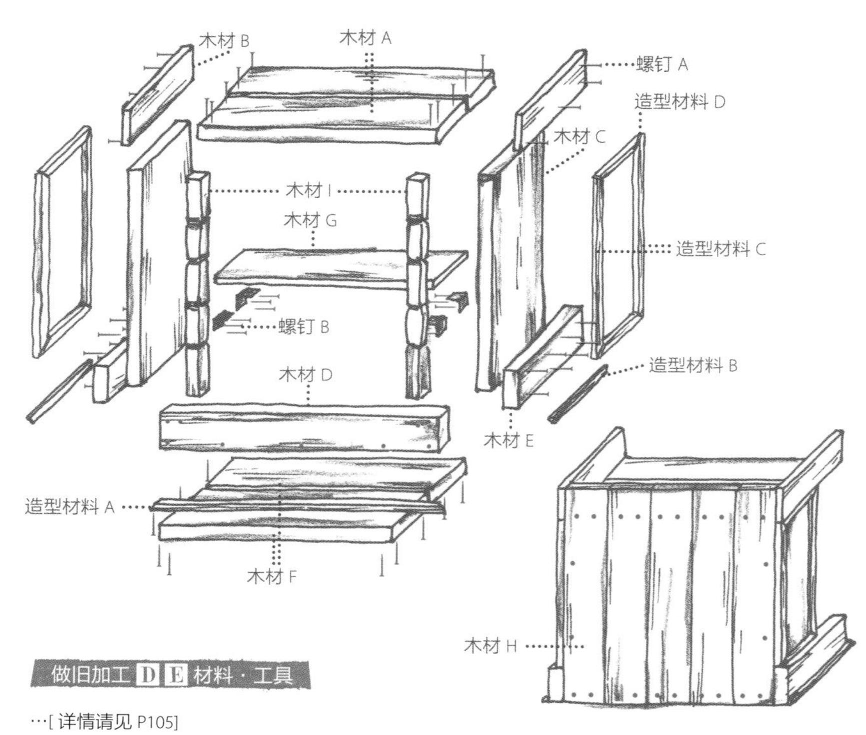

做旧加工 D E 材料・工具

…[详情请见 P105]

材料

- 木材 A、F：木材（W8cm × H2cm × L70cm）…各 2 块
- 木材 B：木材（W4cm × H1cm × L38.5cm）…2 根
- 木材 C：木材（W10cm × H2cm × L70cm）…2 块
- 木材 D：木材（W4cm × H2cm × L77.6cm）…1 根
- 木材 E：木材（W4cm × H2cm × L38.5cm）…2 根
- 木材 G：木材（W10cm × H1cm × L62.4cm）…1 块
- 木材 H：木材（W6cm × H1cm × L82.7cm）…5 块
- 木材 I：扶手材料（W3.8cm × H3.8cm × L70cm）…2 根
- 底边用造型材料 A（L83.8cm）…1 根
- 底边用造型材料 B（L45cm）…2 根
- 底边用造型材料 C（L64.7cm）…4 根
- 底边用造型材料 D（L25cm）…4 根
- 金属零件：L 形角铁（W4cm × H3cm）…4 个
- 螺钉 A（ϕ0.38cm × L6.5cm）…67 根
- 螺钉 B（ϕ0.38cm × L2.5cm）…12 根
- 瞬间黏合剂
- 水性清漆…适量
- 根据个人喜好挑选的钩子

工具

- 电钻（十字钻头）
- 锤子 • 容器

How to make
制作方法

制作尺寸
W74 × D45.5 × H82.5cm

对木材 H 进行做旧加工 D，然后根据示意图，按照木材 A→C→F→E→D→I→H→B 的顺序用螺钉 A 进行组装。使用瞬间黏合剂将造型材料 A~D 粘贴在指定位置，然后安装棚架内侧的螺钉 B。在组装好的棚架主体和木材 G 上进行做旧加工 E 的喷涂，干透后涂上清漆，之后将木材 G 置于金属零件上，根据个人喜好选择钩子安装即可完工。

提前将造型材料按 45° 角切割，保证图中红圈位置能够正好契合。

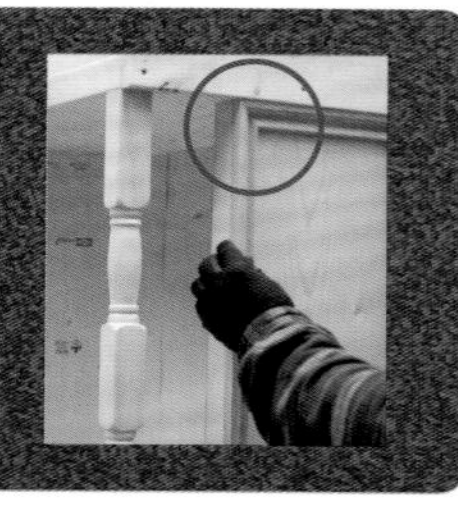

让木板侧面凹陷，表现出木板伸缩的痕迹，
制作出复古细节

制造接缝

板壁上的木板与木板之间常常会出现裂缝。在涂漆前，我们对木材进行加工，制造出这种裂痕。相邻的木板间可适当留出空间，这样视觉上也不会显得木板太过紧凑。

→

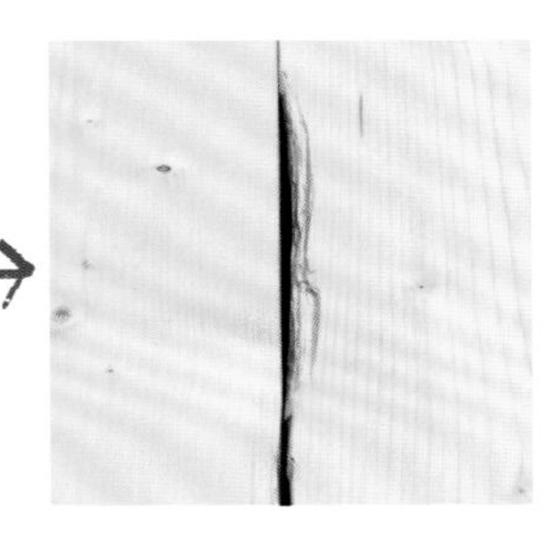

01.

用锤子敲出凹陷

用锤子敲打木材 H 的侧面，制作出大约两处凹陷。

02.

将木材并列摆放，检查缝隙

将木材 H 并列摆放，确认凹陷，如上图所示，留出缝隙。

将多种柔和颜色混合
凸显装饰性设计

多层色调重叠渐进

将涂料反复涂抹多层，表现出久经时间后略微掉漆的样子。重叠涂抹的三种颜色并非事先调色，而是一边涂一边混合，因此中途也可再进行颜色的调整。

做旧加工 E 材料 · 工具

a. 石灰
b. 砂纸（40 号）
c. 水性涂料［这里使用的是 Old Village 公司的黄油牛奶涂料 / 淡黄白（c.c.Yellowish white）蓝（Virginia Clock Blue）与黑（Black）三种颜色］

• 毛刷　• 容器

→

01.

在底层涂抹石灰涂料

按照 P103 的做旧加工 B 中的比例制作黑色石灰涂料，然后轻戳涂抹。

02.

混合三种颜色的水性涂料，然后涂抹

将淡黄白色、黑色和蓝色的涂料按照 6:3:1 的比例在木材表面混合涂开，刷痕直接保留即可。

平整的部分可多刷白色，角落和造型材料的凹陷处可多刷黑色，制造出阴影感。

03.

打磨

待三种颜色涂料干透后，使用砂纸将石灰涂料凹凸不平的部分打磨平整。

Pictorial Book of Nostalgic Plants

打造具有复古韵味的绿色花园

怀旧风格植物图鉴

本章介绍了几款精选植物
既好成活，又方便养护，新手也能胜任
可用来打造以绿叶为主、充满野趣的庭院

自然野趣的

爬藤植物

藤叶蔓延，包围整个空间和建筑，
显得水灵又充满生机。
在围栏上种植爬藤植物，既可以显得热闹，
还可以起到遮蔽视线的作用。

花叶地锦

葡萄科 / 落叶灌木

- 藤长 约 10m
- 花期 5~6 月

藤条尖端带有吸盘，吸附墙壁生长蔓延。会开出不起眼的小花，之后结黑色果实。秋季时叶子变红，也非常美。适合在半背阴处生长。

素馨叶白英

茄科 / 半常绿灌木

- 藤长 约 6m
- 花期 5~11 月

星形小花给人清凉感，花色会从白色变为淡紫色，花期较长。还有一些品种的叶子带有斑纹。如果是温暖地区，直接种在地面也能过冬。

苘麻

锦葵科 / 常绿 ~ 半常绿灌木

- 藤长 约 2m
- 花期 4~11 月

开红色、橘色灯笼形状的花，花期长，有的品种叶子带有斑纹，具有很高的观赏价值。温暖地区可直接在地面种植。

野蔷薇

蔷薇科 / 落叶灌木

- 藤长 约 2m
- 花期 3~9 月

开白色单瓣小花，花朵很多。秋季时会结出红色小果实，可用作干花。生长旺盛。

尾叶铁线莲

毛茛科 / 落叶灌木

- 藤长 3~5m
- 花期 4~5 月

藤条轻柔地生长蔓延，会开出铃铛形状的可爱小花，既有紫红色，还有暗紫色、白色等。生长旺盛，很容易开花

忍冬

忍冬科 / 落叶灌木

- 藤长 约 3m
- 花期 5~6 月

开橘色、粉色或白色花，带有香气。花朵很饱满，可将庭院装点得热闹而华丽。

黑莓

蔷薇科 / 落叶灌木

- 藤长 约 3m
- 花期 5~6 月

开淡粉色花，和樱花很像，6~7 月结果，果实成熟后变黑。耐病害、酷暑、严寒，易成活。

倒地铃

无患子科 / 一年生草本植物　● 藤长 2~3m　● 花期 7~9 月

开白色小花，之后结明绿色果实，形状饱满可爱，像气球一样。秋季时可收获黑色种子，上面有心形图案。

※ 温暖地区是指冬季无须担心积雪与霜降的地区，或是最低气温不会频繁降至零度以下的地区。

将所有植物连为一体

地被植物

在地面上蔓延生长的地被植物，
可以使地表看起来更加灵动。
将不同颜色和不同形态的品种组合在一起，
可以呈现出不同的效果。

蓝花车叶草

茜草科 / 一年生草本植物

● 草高 25~30cm

● 花期 4~7 月

开明亮的蓝紫色小花，花朵集中在枝头。叶子纤细，大量种植非常美丽，但不耐高温高湿。

头花蓼

蓼科 / 宿根草

● 草高 5~10cm

● 花期 5~9 月

开粉色圆形小花，冬季时叶子会略微变红，如果生长在温暖地区，则叶子不会掉光。生长旺盛，自身传种也能繁殖。

薜荔

桑科 / 常绿灌木 ● 草高 5~10cm ● 花期 ---

草茎不会长高，只会向周围蔓延生长，还会附在墙壁上。有些品种的叶片上带有白色或黄色斑纹。在半背阴处也可生长，繁殖能力强。

活血丹

唇形科 / 宿根草

● 草高 10~20cm

● 花期 4~5 月

叶片略圆，带有不规则斑纹，向四周蔓延生长，开淡紫色小花。耐严寒，在温暖地区冬季叶片不会掉光。

飞蓬

菊科 / 宿根草

● 草高约 20cm

● 花期 4~11 月

花瓣细小而密集，会从白色变为粉色。从春季到秋季会不断开花，生长旺盛，自身传种也能繁殖。

牛至

唇形科 / 宿根草

● 草高 20~80cm

● 花期 6~10 月

既有直立生长的品种，也有在地表匍匐蔓延的品种。还有的品种叶片带有黄色斑纹，开粉色或白色小花。耐严寒，植株强壮，易成活。

过江藤

马鞭草科 / 宿根草

● 草高 10~15cm

● 花期 4~5 月

每株都会开许多可爱的粉色小花，生长旺盛，能长满庭院地表。花期长，耐酷暑、严寒。

山芫荽

伞形科 / 一年生草本植物

● 草高 10~20cm

● 花期 5~6 月

开黄色小花，仿佛纽扣一样。柔软的银色叶片非常好看。不耐高温高湿，在清凉地区的地表可直接种植。

凤尾藓

凤尾藓科

叶片下垂生长，像羽毛一样，适合种在石头的凹槽里。不耐干燥，喜欢背阴且湿度高的地方。

曲尾藓

曲尾藓科

叶片细长，形状独特，像小动物的尾巴一样，适合作为地被植物种在半背阴处。耐酷暑、严寒及干燥，易成活。

砂藓

紫萼藓科

草高较低，适合作为地被植物种植，黄绿色的叶子能够营造明快氛围。比较耐干燥和酷暑，能够适应阳光直射。

风格复古的地被植物

苔 藓

能蔓延覆盖整个地面。生长在建筑物与植物之间或是土壤表面，彼此呼应，让庭院更有整体感。复古又有些超脱现实的角落给人以怀旧的感觉。

羽藓

羽藓科

略带透明感的叶片像地毯一样蔓延生长，种在湿气重的石头或是流木上，颇有野趣。适合在湿度适宜的背阴处或半背阴处生长。

大桧藓

桧藓科

叶片柔软，茂密地聚集成团。可种在花盆、背阴庭院的石阶缝隙等地，显得充满生机。

大叶藓

真藓科

伞形叶片令人印象深刻，叶片打开后长达 2cm。适合在背阴处且湿度高的地方生长。因为叶片很有特点，所以也可单独种在花盆中作观赏用。

东亚小金发藓

金发藓科

叶片纤细，像杉树枝叶一样。草高一般只长到 3cm 左右，适合用作地被植物。适合在湿度适宜的半背阴处生长。

协助 / 苔藓 · 计划

存在感超群的

装饰性植物

充满个性的草叶自由生长，
既点缀了庭院，同时也增添了一分律动感。
这些植物的叶子丰富多彩，
有的颜色雅致，有的则带有斑纹。
多数品种植株结实，易成活。

苔草

莎草科 / 宿根草

● 草高 60~100cm

● 花期 7~8 月

叶细如针，多数品种的叶子带有斑纹或为淡绿色。叶片间会伸出流苏一样的花穗。冬季时叶子也很美。适合在半背阴处生长。

美人蕉

美人蕉科 / 球根植物　● 草高 40~200cm　● 花期 7~10 月

夏季代表性花卉之一，青铜色或绿色的叶子带有斑纹，非常美丽。不开花时，叶子也颇具观赏价值。即使盛夏阳光直射也无妨。

大戟

大戟科 / 宿根草

● 草高 50~100cm

● 花期 7~11 月

有多个品种的草叶颜色和姿态充满个性，有的为黄绿色，有的为茶色或是银中带绿。也有的品种叶子会变红。不耐高温高湿，需特别留意。

升麻“黑睡袍”

（Black Neglige）

毛茛科 / 宿根草

● 草高 约 120cm

● 花期 8~10 月

开穗状白花，仿佛长毛刷一般。叶片有小缺口，茎叶均为黑色，非常夺目。带有强烈芳香。

大凌风草

禾本科 / 一年生草本植物

● 草高 约 50cm

● 花期 6~8 月

纤细的叶茎一端会开出金币一般的小花，成熟后会从绿色变为黄色。有风拂过时会沙沙作响。自身传种也可繁殖。

掌叶铁线蕨

凤尾蕨科 / 宿根草

● 草高 15~45cm

● 花期 ---

叶片带有较深缺口，下垂生长。黑色叶茎充满装饰感，新芽略带红色，适合在半背阴处生长。

新西兰麻

阿福花科 / 宿根草

● 草高 60~100cm

● 花期 ---

每株都长有许多尖尖的细长叶子，有的叶子为青铜色或绿色，有的则带有斑纹。植株能长得很大，冬季时叶子也很美。

紫叶狼尾草

（Purple Fountain Grass）

禾本科 / 宿根草

● 草高 约 90cm

● 花期 7~11 月

黄铜色叶片，花穗长长后像小动物的尾巴。秋季时颜色变暗，略微不耐寒，即使种植在温暖地区也需要防寒。

为空间带来明快与动感的

彩叶植物

金铜色、黄色、银色、斑纹叶……
在不开花的时节，彩叶植物的叶子也颇具观赏价值。
可以巧妙利用彩叶的颜色，制造明亮感，
或是令人心情为之一振，让庭院里明暗错落有致。

矾根

虎耳草科 / 宿根草 ● 草高 15~40cm ● 花期 5~7 月

叶子有绿色、黄色和紫色等颜色，带有花纹。花茎长长后会开放红色或粉色小花。在半背阴处也可以生长，在温暖地区的冬季叶片不会掉光。

玉簪

天门冬科 / 宿根草

● 草高 10~40cm

● 花期 6~9 月

有的叶子带有斑纹，有的则为灰蓝色，叶片大小也各不相同。开白色或粉色花，在半背阴处也可生长。

车轴草

豆科 / 宿根草

● 草高 10~20cm

● 花期 5~10 月

红色或黑色的叶子横向蔓延生长，有的品种为四叶，叶茎一头开白色或粉色花。不喜夏季暑气。

辣椒

"黑珍珠（Black Pearl）"

茄科 / 一年生草本植物

● 草高 20~40cm

● 花期 4~6 月

观赏用辣椒，开花后结红色、橘色果实，非常可爱，黑紫色叶子带有斑纹，适合用于混栽。在夏日阳光下也可茁壮成长。

棉毛水苏

唇形科 / 宿根草

● 草高 30~45cm

● 花期 6~7 月

银绿色的叶茎与叶片都覆有茸毛，开粉色小花，适合用来制作干花。

柠檬百里香

唇形科 / 宿根草

● 草高 20~30cm

● 花期 5~7 月

小小的叶子边缘带有黄色斑纹，散发着柠檬的香气。秋季时的黄叶也很美。密集的淡粉色小花像是把植株整个包围了一般。

野芝麻

唇形科 / 宿根草

● 草高 15~25cm

● 花期 4~6 月

叶片颜色多种多样，有银色也有柠檬绿色。叶子中央带有斑纹，开粉色或白色花，适合在半背阴处种植。

酸模

蓼科 / 宿根草

● 草高 20~100cm

● 花期 5~8 月

叶脉中有红筋，叶茎很长，开淡绿色花。在温暖地区的冬季叶片不会掉光，自身传种也能繁殖。

乔 木

带来纵深感 制造绿荫

趣味盎然的树木

选择不同的品种，种在不同的地方，都会让庭院的氛围焕然一新。有的树叶带有斑纹，或为银色叶片，能让庭院看起来明快清凉。黄铜色的树叶则能够成为点缀。如果庭院较为狭小，也可选择将树苗种在较大的容器里。

梣叶槭“火烈鸟”

无患子科 / 落叶乔木

● 树高 2~6m

● 花期 ---

新芽带有粉色斑纹，在夏季叶子会慢慢变白，之后略带绿色。秋季时叶子变红，非常美丽。也有叶子为黄金色的品种，可在半背阴处生长。

挪威槭

“绯红之王（King Crimson）”

无患子科 / 落叶乔木

● 树高 5~10m ● 花期 4 月

紫红叶子和黄色小花形成鲜明对比，叶子在秋季会变为深紫色。有的品种的叶子为黄色或带有斑纹。在半背阴处也能生长。

黄栌

漆树科 / 落叶乔木

● 树高 3~5m

● 花期 6~7 月

红色或绿色花朵蓬松，轻柔如烟，非常夺目。叶片略圆，有的为明绿色，有的为黄铜色。

紫叶合欢

“夏日巧克力（Summer Chocolate）”

豆科 / 落叶乔木

● 树高 2~8m ● 花期 6~8 月

开淡粉色花，像毛刷一样。叶子为巧克力色，傍晚会闭合。树高较高，适合作为“标志树”种植。

加拿大唐棣

蔷薇科 / 落叶乔木

● 树高 2~6m

● 花期 4~5 月 ● 果实 6 月

植株开满白花；6 月会结出红色小果实，果实可食用；秋季叶子变红，一年四季都极具观赏价值。植株结实，易成活。

橄榄

橄榄科 / 落叶乔木

● 树高 5~10m

● 花期 5~6 月 ● 果实 9~11 月

不同品种的树形也不尽相同，但全年都可欣赏到充满清凉感的银叶。耐干燥，在温暖地区的地面种植也可过冬。

贝利氏相思

豆科 / 落叶乔木 ● 树高 2~7m ● 花期 3~4 月

枝头开满黄色花，银色树叶具有观赏价值。有的品种新芽为紫色。在温暖地区可直接在地面种植。

灌 木

粉花绣线菊

蔷薇科 / 落叶灌木

- 树高 0.6~1m
- 花期 6 月

新芽略带红色，之后逐渐变为黄色。会开出很多粉色小花，耐严寒，秋季时叶子会变红。

紫叶风箱果

蔷薇科 / 落叶灌木

- 树高 1.5~1.8m
- 花期 5~7 月

叶子为深紫色，近乎黑色，十分美丽。开绣球状白花，之后结红色果实。植株不会长得过大，适合空间狭小的庭院。

马缨丹

马鞭草科 / 常绿灌木 ● 树高 约 1m ● 花期 6~11 月

叶茎纤细，横向生长，易开花，会先后开黄色、白色、淡粉色花。在温暖地区的户外也能过冬。

毛樱桃

蔷薇科 / 落叶灌木

- 树高 约 2m
- 花期 4 月

开淡粉色花，像樱花一样。6 月枝头会结红色果实，可食用。耐严寒，易成活。

穗花牡荆

唇形科 / 落叶灌木 ● 树高 2~5m ● 花期 7~9 月

开淡紫色、粉色穗状花，为盛夏带来一丝清凉感。叶片带有光泽，同时散发香气。在温暖地区地面种植也能过冬。

车桑子

无患子科 / 常绿灌木

- 树高 1~3m
- 花期 5~7 月

叶子细长，为金铜色，天冷时会略带红色，这种颜色变化也非常有趣。在温暖地区地面种植也能过冬。

日本小檗

小檗科 / 落叶灌木

- 树高 1~2m
- 花期 4~5 月

叶子颜色很美，有紫红色、黄色等多种。开淡黄色花，秋季时结红色果实。耐严寒，植株结实，易成活。

与杂货搭配在一起能立刻提升氛围的

怀旧风花卉

开花时令庭院华丽美艳，同时具有季节感。
将不同草高和花期的花卉相互组合，
能打造出不同的景观。
下面为您介绍几种叶子、花色、形状都很有个性的品种。

黄色～红色

柔毛羽衣草

蔷薇科 / 宿根草

● 草高 40~50cm

● 花期 5~6 月

开淡黄色小花，非常密集。叶子长有茸毛，柔软而茂密。适合用来制作干花。在半背阴处也能生长。

鬼罂粟

罂粟科 / 宿根草

● 草高 60~80cm

● 花期 5~6 月

花瓣如和纸一般纤细，花朵直径较大，约为 10cm，许多品种带有黑色斑点。花色有红色、白色、粉色等。

缘毛过路黄

报春花科 / 宿根草

● 草高 60~80cm

● 花期 5~6 月

黄色花朵与金铜色叶片形成鲜明对比，非常美丽。叶片内侧为深金铜色。不同品种的植株，花色和草叶形状各不相同。在半背阴处也能生长。

大丽花

菊科 / 宿根草

● 草高 20~120cm

● 花期 5~10 月

花朵形状、叶片颜色变化丰富。开橘色、白色或粉色花，能够让庭院看起来更加华丽。

深红～褐色

须苞石竹“黑莓（Blackberry）”

石竹科 / 宿根草　● 草高 15~50cm　● 花期 4~6 月

开深红色花朵，质感如天鹅绒一般，花瓣边缘为细小锯齿状。叶子颜色也很雅致，适合种植在庭院里，调节整体格调。

地榆

蔷薇科 / 宿根草

● 草高 70~100cm

● 花期 7~10 月

纤细的花茎一头开有紫红色的球形花朵。草叶长高后会更加茂盛。有的品种开粉色花，或是叶子上带有花纹。

蓝盆花

川续断科 / 宿根草

● 草高 60~80cm

● 花期 5~8 月

纤细的花茎一头开有直径约为 5cm 的花朵，随风摇曳，趣味盎然。花朵颜色丰富，有淡紫色、粉色等，也可用作鲜切花。

黄水枝

虎耳草科 / 宿根草

● 草高 约 20cm

● 花期 4~5 月

开穗状淡粉色花，叶片带有花纹和缺口，不开花的时候观赏叶片也非常有趣。耐寒性强，适合在半背阴处生长。

狗筋麦瓶草

石竹科 / 宿根草

● 草高 15~20cm

● 花期 5~7 月

花萼部分鼓起，有的品种开粉色花，叶子带有斑纹。横向蔓延生长，适合盆栽。

毛地黄钓钟柳

车前科 / 宿根草

● 草高 30~50cm ● 花期 5~8 月

茎叶为黄铜色，开淡粉色花，对比鲜明。花朵为筒状，有的品种花色为红色或蓝色。集中大量种植会非常有韵味。

鬼针草

菊科 / 宿根草 ● 草高 30~100cm ● 花期 9~1 月

花朵在一般植物不开花的季节绽放，能够使庭院明艳起来。除了白色以外，还有开黄色花和花瓣尖端为白色的品种。生长旺盛，植株繁殖很快。

心叶牛舌草

紫草科 / 宿根草 ● 草高 30~40cm ● 花期 3~6 月

开可爱的蓝色小花，叶子为心形，叶脉有花纹，有的叶子为银色，有的为绿色。适合在半背阴处生长。

蜜蜡花（*Cerinthe major*）

紫草科 / 一年生草本植物

● 草高 30~50cm

● 花期 4~5 月

叶片略带银色，且有花纹，非常美丽。开带有光泽的深紫色花，也有的品种开黄色花，自身传种也能繁殖。

刺芹

伞形科 / 宿根草

● 草高 60~100cm

● 花期 6~8 月

尖尖的叶子很有特点，开蓝色或紫色球形花，叶片略带银色，适合制作干花。喜凉爽气候。

西班牙薰衣草

唇形科 / 宿根草

● 草高 40~50cm

● 花期 4~8 月

花（苞）像蝴蝶结一样飘扬，香气迷人，是薰衣草中比较耐酷暑的品种。

日版工作人员
编　辑：高羽千佳　小原佳奈　饭田直子　井上圆子　赤塚千惠　藤屋翔子
撰稿人：藤原光　岩琦容子　杉山由贵乃　赤松浩子
摄　影：今坂雄贵　角田纯子　小山贵史　尾股光司　古石洋平
设　计：坂本房子　中平正士　浜武美纱　平井绘梨香
插　图：朝日海参

图书在版编目（CIP）数据

用杂货营造庭院怀旧时光 / 日本FG武藏编；袁蒙译.
— 北京：机械工业出版社，2020.9
（打造超人气花园）
ISBN 978-7-111-65122-2

Ⅰ.①用… Ⅱ.①日… ②袁… Ⅲ.①庭院－园林设计 Ⅳ.①TU986.2

中国版本图书馆CIP数据核字（2020）第048431号

机械工业出版社（北京市百万庄大街22号　邮政编码100037）
策划编辑：马　晋　　责任编辑：马　晋
责任校对：李　伟　　责任印制：张　博
北京宝隆世纪印刷有限公司印刷

2020年5月第1版第1次印刷
210mm × 260mm · 7印张 · 170千字
标准书号：ISBN 978-7-111-65122-2
定价：59.80元

电话服务
客服电话：010－88361066
　　　　　010－88379833
　　　　　010－68326294
封底无防伪标均为盗版

网络服务
机　工　官　网：www. cmpbook. com
机　工　官　博：weibo. com/cmp1952
金　　书　　网：www. golden-book. com
机工教育服务网：www. cmpedu. com